재미있는

이야기수학

노영순 지음

教友社

노영순(盧永淳)

공주고등학교 졸업
공주사범대학 수학교육과 졸업
고려대학교 대학원(이학석사)
중앙대학교 대학원(이학박사)
현재 공주대학교 사범대학 수학교육과 교수
저서 : 『문제중심 위상수학』, 『위상수학 기본』,
『알기쉬운 집합론』, 『재미있는 수학』 등 다수

재미있는 이야기수학

제1판 인쇄 / 2010년 1월 5일
제1판 발행 / 2010년 1월 15일

지은이 / 노영순
펴낸이 / 오판근
펴낸곳 / 교우사
주 소 / 서울특별시 동대문구 제기2동 148-19
출판등록 / 1994년 3월 24일 제6-0256호
전 화 / 02)925-2861(代), 편집부 / 925-2825
팩 스 / 925-2860
e-mail / kyowoo@kyowoo.co.kr
http://www.kyowoo.co.kr

ISBN 978-89-8172-822-9 (03410)

가격 **12,000**원

서 문

우리는 대체로 수학이라는 말만 들어도 미리 머리가 아파올 정도로 수학을 싫어한다.

이와 같이 사람들이 수학을 기피하는 이유는 학교에서의 수학 교육 내용이 실제 생활과는 거리가 멀고 필요이상으로 어렵기만 하고 당장에 살아가는데도 큰 필요성을 느끼지 못하기 때문일지도 모른다.

그러나 수학은 우리 생활에서 한 순간도 떼어 놓고 생각할 수 없는 물이나 태양과 같은 것이다. 우리는 태양과 물이 우리의 생활에 얼마나 필수적인지 그 고마움을 모르고 지내는 것처럼 수학의 고마움을 인식하지 못하고 살아가고 있다.

실제로 아침에 잠자리에서 일어나 움직이기 시작하면 그 때부터 모두가 수학이고 수학적이다. 즉 몇 시에 일어나고, 세숫물을 얼마나 사용하고, 물과 밥을 얼마나 먹고, 사는 집이 몇 층이니까 내려가야 할 거리가 얼마이고, 집을 나와 버스 타는 곳까지의 거리는 얼마이고, 걸리는 시간은 몇 분이며, 어느 길로 가야 빨리 갈 것인가까지 계속 수학이 우리와 함께 한다.

이 책을 통하여 현대를 살아가는 사람들이 수학과 관련한 이야기들을 접하는 중에 수학에 대한 흥미로움과 새로운 면을 발견하여 수학과 함께하는 생활이 되면 좋겠다.

2009. 12.

저자 씀

차 례

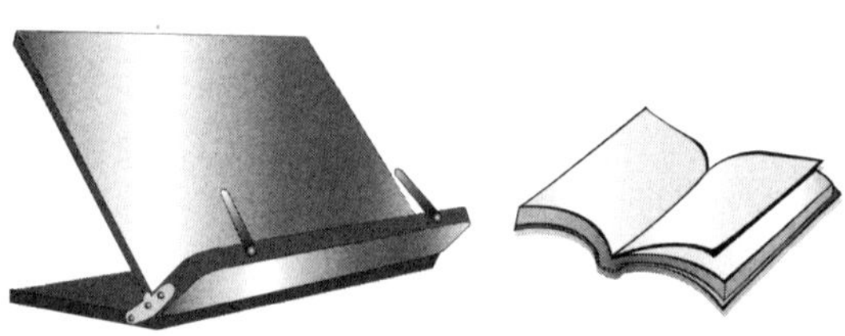

001. 노랭이 노인과 머슴

옛날 어느 젊은이가 부자이지만 노랭이 노인의 집에서 머슴을 살았다. 머슴은 세경(보수)을 흥정하는데 "첫날은 쌀 한 톨만 주시고, 이튿날은 두 톨, 3일째는 그 두 배인 4톨, … 등, 이런 식으로 매일 그 전날의 두 배씩 쌀을 주십시요"라고 말했다. 그런데 숫자의 개념이 약한 구두쇠 노인은 이 제안을 받고 쌀의 개수를 생각해서 '쌀 한 섬이면 쌀 낱알이 얼마나 많은데 그까짓 쌀 몇 톨을' 하며 기분이 좋아서 당장에 약속을 했다. 그러나 얼마 지나지 않아 주인은 머슴에게 전 재산을 몽땅 빼앗기고 거꾸로 주인이 된 머슴 밑에서 머슴 노릇을 하게 되었다고 한다. 수를 알아야 잘 살 수 있다는 것을 우리에게 말해주는 이야기라 할 것이다. 머슴이 받게 되는 1년 세경은 얼마나 되는지 알아보자.

풀이

위와 같이 세경을 받을 때 머슴은 1년 365일 동안 $2^{365}-1$개의 쌀알을 받게 된다. 왜냐하면

1일, 2일, 3일, 4일, 5일, 6일, …

과 같이 날짜가 지나면

1, 2, 4, 8, 16, 32, 64, 128, 256, 512, 1024개 …

로 늘어나는 쌀 낱알을 받게 되기 때문이다. 즉

$$2일째 : 2^2-1=3$$
$$3일째 : 2^3-1=7$$
$$4일째 : 2^4-1=15$$
$$5일째 : 2^5-1=31,$$
$$\cdots$$

등등과 같은 식을 얻게 되고 결국 365일째는 $2^{365}-1$개의 쌀알을 받게 되는데 기하급수적으로 늘어나는 쌀알 때문에 몇 달 지나지 않아 노인은 전 재산을 머슴에게 주고도 모자라게 될 것이다.

002. 분수를 단위분수의 합으로 나타내기

(피보나치의 방법)

단위분수란 분자가 1인 분수를 말한다. 분수 $\frac{8}{13}$ 을 단위분수들의 합으로 나타내보자.

풀이

① 먼저 $\frac{8}{13}$ 보다 작으면서 가장 가까운 단위분수를 찾는다. $\frac{1}{2}<\frac{8}{13}$ 이므로 1차로 구하는 단위분수는 $\frac{1}{2}$ 이다.

② 그 다음 $\frac{8}{13}-\frac{1}{2}=\frac{3}{26}$ 가 되며 다시 $\frac{3}{26}$ 보다 작은 단위분수를 찾는다. 그러면 $\frac{1}{9}<\frac{3}{26}$ 이므로 2차로 구하는 단위분수는 $\frac{1}{9}$ 이다.

③ 그런데 $\frac{8}{13}-\frac{1}{2}-\frac{1}{9}=\frac{1}{234}$ 이므로 $\frac{8}{13}$ 은 단위분수들로 다음과 같이 나타내진다.

$$\frac{8}{13}=\frac{1}{2}+\frac{1}{9}+\frac{1}{234}$$

003. 신비한 수인 완전수

자신을 제외한 약수의 합이 그 수 자체가 되는 수를 완전수(perfect number)라 한다. 예를 들면 6의 약수는 1, 2, 3, 6인데 1+2+3=6이므로 6은 완전수이다. 그리스인들은 4개의 완전수 6, 28, 496, 8128을 알고 있었으며 이 완전수들을 신비의 수로 여겼다.

다시 말해 이들은 신이 6일 동안에 천지를 창조하였으며 28살에 결혼하면 평생이 길하다고 믿었다. 피타고라스는 완전수에 대해 관심이 많았으며 그는 완전수가 여러 가지 성질을 가지고 있음을 알아냈다. 특히 완전수가 항상 연속되는 자연수의 합으로 표현됨을 발견하였다. 이를 확인하여 보자.

풀이

$$6=1+2+3$$

$$28=1+2+3+4+5+6+7$$

$$496=1+2+3+4+5+\cdots+30+31$$

$$8128=1+2+3+4+5+6+7+\cdots+126+127$$

004. 여러 가지 특별한 수

(과잉수(過剩數)와 부족수(不足數), 부부수)

과잉수란 자기 자신을 제외한 모든 약수의 합이 자기 자신보다 큰 수이며 부족수란 자기 자신을 제외한 모든 약수의 합이 자기 자신 보다 작은 수이다. 특히 소수는 부족수임을 알 수 있다. 그리고 1과 자기 자신을 제외한 모든 약수의 합이 서로 상대의 수가 되는 "부부수"도 있다.

(보기 1) 18은 과잉수이다.

왜냐하면 자기 자신을 제외한 모든 약수의 합이 자기 자신보다 크기 때문이다. 즉 $18<1+2+3+6+9$ 이므로 과잉수이다. 그 외의 과잉수도 찾아보자.

(보기 2) 10은 부족수이다.

왜냐하면 자기 자신을 제외한 모든 약수의 합이 자기 자신 보다 작기 때문이다. 즉 $10>1+2+5$ 이므로 부족수이다. 그 외의 부족수도 찾아보자.

(보기 3) 48과 75는 부부수이다.

왜냐하면 48에서 1과 48을 제외한 약수는 2, 3, 4, 6, 8, 12, 16, 24로 그 합은 75이며, 또한 75의 1과 75를 제외한 약수는 3, 5, 15, 25로 그 합이 48이 되므로 두 수는 부부수이다. 지금까지 알려진 부부수로는 140과 195, 1575와 1648 등이 있는데 신기하게도 모두 짝수 하나와 홀수 하나의 쌍으로 이루어져 있다.

005. 친화수(親和數)

친화수란 두 자연수 x, y에 대하여 x의 자기 자신을 제외한 모든 약수의 합이 y가 되고 또 y의 자기 자신을 제외한 모든 약수의 합이 x가 되는 한 쌍의 수를 말하며 (x, y)로 나타낸다.

(보기 1) 220과 284는 친화수이다.

왜냐하면 284의 자신을 제외한 약수는 1, 2, 4, 71, 142이며 이들의 합은 220이다. 그리고 220의 자신을 제외한 약수는 1, 2, 4, 5, 10, 11, 20, 22, 44, 55, 110이며 이들의 합이 284이므로 두 수는 친화수이다. 따라서 (220, 284)로 나타낸다.

그 다음 친화수로 (1210, 1184)가 있는데 이는 1866년 16세 소년 **파가니니**(Paganini)가 우연히 이 두 수가 친화수임을 발견했다. 이외의 친화수의 쌍은 (2620, 2924), (5020, 5564), (6232, 6368), (17296, 18416) 등이 있으며 18세기에 수학자 오일러는 62번째 친화수까지를 발견하였다.

006. 피보나치수열의 성질

이탈리아의 수학자 **피보나치**(Fibonacci 1180?-1250)는 아라비아의 산수와 대수학을 유럽에 보급한 사람이다. 그는 그 당시의 토스카나 지방의 도시국가 피사에서 낳았으며 아프리카 알제리에서 교육을 받고 여러 나라에서 수학을 공부한 후 13세기 초 피사에 돌아와서 활약했다. 그의 본명은 "**레오나르도**(Leonardo Da Pisa)이지만 피보나치수가 유명해지면서 후세 사람들에 의해 피보나치로 더 알려졌다.

$$0,\ 1,\ 1,\ 2,\ 3,\ 5,\ 8,\ 13,\ 21,\ 34,\ 55,\ 89,\ \cdots,\ u_n,\ \cdots \qquad (1)$$

수열 (1)을 **피보나치수열**이라 하고 이 수열에 나타나는 수를 피보나치수라고 한다.

"피보나치수"는 레오나르도(피보나치의 본명)가 지은 계산의 책(Liber Abaci)에 있는 유명한 '토끼의 증식' 문제에 나오는 수이다. 토끼의 증식 문제는 토끼가 1년에 몇 마리로 번식하는가 하는 문제로 다음과 같다.

토끼 1마리를 울타리에 키우는데 토끼는 매월 1마리의 새끼를 낳으며, 또 낳은 토끼는 2개월째부터 새끼를 낳기 시작하는 경우 1년 뒤 토끼는 모두 몇 마리가 될 것인가? 이를 알아보기 위해 어미토끼를 ◎로, 1개월 된 토끼를 ○로, 새끼토끼를 ◇로 나타내서 매월 늘어나는 토끼의 수를 다음 그림과 같이 알아본다.

아래 표에서 보는 것과 같이 1개월이 지나면 2마리, 2개월이 지나면 3마리, … 등등. 이와 같이 계속 번식하여 12개월이 지나면 377마리가 된다. 피보나치는 위 표의 계에 나타나는 수를 나열하고 나열된 수의 맨 앞에 "1"을 덧 붙여 다시 새로운 수열을 만들었다. 이것이 바로 위에서 말한 수열 (1)이다.

달	토끼의 수	계
1	◎	1
2	◎◇	2
3	◎○◇	3
4	◎◎○◇◇	5
5	◎◎◎○○◇◇◇	8
6	◎◎◎◎◎○○○◇◇◇◇◇	13
7	◎◎◎◎◎◎◎◎○○○○○◇◇◇◇◇◇◇◇	21
8	◎◎◎◎◎◎◎◎◎◎◎◎◎○○○○○○○○ ◇◇◇◇◇◇◇◇◇◇◇◇◇	34
9	◎	55

(문제 1) 피보나치수열에서 연속되는 두 항의 차로 이루어진 수열은 다시 피보나치수열이 됨을 확인하여 보자.

(보기 2) 피보나치수열의 신비한 성질들을 알아보자.

풀이

① 앞의 두 항을 합한 것이 다음 항이 된다.

② 이 수열의 각 항은 이웃한 두 항(좌우에 있는 항)의 차와 같다.

③ 각 항의 제곱은 이웃한 두 항의 곱에 교대로 1을 빼고 1을 더한 것과 같다.

④ 모든 자연수는 서로 다른 피보나치수들의 합으로 나타낼 수 있다. 예를 들면 자연수 25는 25 = 21+3+1이다.
자연수 38과 95를 피보나치 수들의 합으로 나타내어 보자.

⑤ 자연에서 꽃의 꽃잎 수는 피보나치수열의 숫자만큼 달려 있다고 한다. 이는 일정한 범위(공간)에서 햇볕을 가장 효율적으로 받기 위해서이다.

007. 신비하고 조화로운 수의 연산

1) 다음의 식은 끝없이 계속된다. 우리는 각각의 연산 열이 완전제곱수에 의해 시작되는 것을 알 수 있다.

$$①+2 = 3$$
$$④+5+6 = 7+8$$
$$⑨+10+11+12 = 13+14+15$$
$$16+17+18+19+20 = 21+22+23+24$$

\- - - - - - - - - - - - -

2) 여러 가지 방법으로 수를 계산하고 적절히 나열함으로써 조화와 아름다움을 발견하게 된다.

$$365 = 100+265 = 100+121+144$$
$$= 10^2+11^2+12^2$$
$$= 169 + 196 = 13^2+14^2$$
$$1729 = 9^3+10^3 = 12^3+1^3$$

$$3 \times 9 + 6 = 33$$
$$33 \times 99 + 66 = 3333$$
$$333 \times 999 + 666 = 333333$$
$$3333 \times 9999 + 6666 = 33333333$$
$$33333 \times 99999 + 66666 = 3333333333$$

$$123456789 \times 1 \times 9 = 111111111$$
$$123456789 \times 2 \times 9 = 222222222$$
$$123456789 \times 3 \times 9 = 333333333$$
$$123456789 \times 4 \times 9 = 444444444$$
$$123456789 \times 5 \times 9 = 555555555$$
$$123456789 \times 6 \times 9 = 666666666$$
$$123456789 \times 7 \times 9 = 777777777$$
$$123456789 \times 8 \times 9 = 888888888$$
$$123456789 \times 9 \times 9 = 999999999$$

$$1 \times 9 + 1 \times 2 = 11$$

$$12 \times 18 + 2 \times 3 = 222$$

$$123 \times 27 + 3 \times 4 = 3333$$

$$1234 \times 36 + 4 \times 5 = 44444$$

$$12345 \times 45 + 5 \times 6 = 555555$$

$$123456 \times 54 + 6 \times 7 = 6666666$$

$$1234567 \times 63 + 7 \times 8 = 77777777$$

$$12345678 \times 72 + 8 \times 9 = 888888888$$

$$23456789 \times 81 + 9 \times 10 = 9999999999$$

$$1 \times 9 - 1 = 8$$

$$21 \times 9 - 1 = 188$$

$$321 \times 9 - 1 = 2888$$

$$4321 \times 9 - 1 = 38888$$

$$54321 \times 9 - 1 = 488888$$

$$654321 \times 9 - 1 = 5888888$$

$$7654321 \times 9 - 1 = 68888888$$

$$87654321 \times 9 - 1 = 788888888$$

$$987654321 \times 9 - 1 = 8888888888$$

37× 3=111	(0×9)+1=1
37× 6=222	(1×9)+2=11
37× 9=333	(12×9)+3=111
37×12=444	(123×9)+4=1,111
37×15=555	(1,234×9)+5=11,111
37×18=666	(12,345×9)+6=111,111
37×21=777	(123,456×9)+7=1,111,111
37×24=888	(1,234,567×9)+8=11,111,111
37×27=999	(12,345,678×9)+9=111,111,111
	(123,456,789×9)+10=1,111,111,111

008. 성스러운 수 "36"

피타고라스학파는 12의 3배수인 36을 성스러운 수로 생각했다.

$$36=(1+2+3)^2, \quad 36=(1\times2\times3)^2,$$
$$36=1^3+2^3+3^3, \quad 36=1^2\times2^2\times3^2, \quad 36=6^2$$
$$36=1+3+5+7+9+11$$
$$36=1+2+3+4+5+6+7+8$$

특히 $36=6^2=(1+2+3)^2=1^3+2^3+3^3$이 성립한다. 이는 모든 자연수 n에 대해서도 성립한다. 실제로 $n=2, 4, 5, \cdots$인 경우 각각 확인하여 보자.

풀이

$$9=3^2=(1+2)^2=1^3+2^3$$
$$100=10^2=(1+2+3+4)^2=1^3+2^3+3^3+4^3$$
$$225=15^2=(1+2+3+4+5)^2=1^3+2^3+3^3+4^3+5^3$$

009. 수 n의 제곱은 1부터 $2n-1$까지 홀수들의 합이다.

$$1^2=1$$
$$2^2=1+3$$
$$3^2=1+3+5$$
$$4^2=1+3+5+7$$
$$5^2=1+3+5+7+9$$
$$6^2=1+3+5+7+9+11$$

위 표의 예를 보고 100^2을 1부터 홀수들을 차례로 나열하여 합으로 나타내보자.

풀이

$n=100$이므로 1부터 $2n-1$까지의 홀수들의 합이다.

$$100^2=1+3+5+7+\cdots+195+197+199$$

010. 1에서 9까지의 수들의 덧셈과 뺄셈

1에서 9까지 또는 9에서 1까지의 수를 차례로 쓰고 덧셈과 뺄셈을 하여 100이 되게 하여보자. 예를 들면

123−45−67+89=100　　123+4−5+67−89=100

98−76+54+3+21=100　　9−8+76+54−32+1=100

과 같다. 그러면 이 예들 외에 또 다른 방법으로 나타낼 수 있는 식을 찾아보자.

풀이

123 + 45−67 +8−9=100
123−4−5−6−7+8−9=100
12+3+4+5−6−7+89=100
1+23−4+5+6+78−9=100
1+2+34−5+67−8+9=100
12+3−4+5+67+8+9=100
1+23−4+56+7+8+9=100
1+2+3−4+5+6+78+9=100

98−7−6−5−4+3+21=100
9−8+76−5+4+3+21=100
98−7+6+5+4−3−2−1=100
98+7−6+5−4+3−2−1=100
98+7+6−5−4−3+2−1=100
98+7−6+5−4−3+2+1=100
98−7+6+5−4+3−2+1=100
98−7+6−5+4+3+2−1=100
98+7−6−5+4+3−2+1=100
98−7−6+5+4+3+2+1=100
9+8+76+5+4−3+2−1=100
9+8+76+5−4+3+2+1=100

011. 자연수 8만을 사용한 덧셈으로 1000 만들기

자연수 8만으로 이루어진 수들을 덧셈으로 하여 자연수 1000이 되는 경우를 알아보자.

풀이

1) 888 + 88 + 8 + 8 + 8

2) 8을 125번 더한다.

3) 88을 10번 더한 뒤 8을 15번 더한다.

012. 1부터 9까지의 수를 차례로 쓰고 덧셈, 뺄셈, 곱셈을 사용하여 100을 만들어 보자.

풀이

1) $1+2+3+4+5+6+7+(8\times9)=100$

2) $(1\times2)+34+56+7-8+9=100$

3) $1+(2\times3)+(4\times5)-6+7+(8\times9)=100$

013. 직관적인 알파벳 덧셈

영어 알파벳을 이용해서 덧셈을 했다. 직관적으로 알파벳을 아라비아 숫자를 바꾸어 해를 구해보자. 단 다른 문자는 다른 숫자이다.

```
  CATS
+ HATE
------
  DOGS
```

풀이

해는 다음 제시한 것 이외에 여러 가지가 있을 수 있다.

```
  2794      4327
+3790     +1320
------    ------
  6584      5647
```

014. 실생활에서 사용되는 우리의 고유 단위들

우리는 생활 속에 함께하던 여러 가지 단위를 척관법에서 미터법으로 바꾸어 사용하고 있다. 그러나 우리는 우리의 생활속에 자리하고 있는 깊은 관습에 따라 여전히 무게의 단위로 근(斤), 관(貫) 길이의 단위로 자(尺), 간(間) 면적의 단위로는 평(坪), 단보, 정보, 마지기 그리고 부피의 단위로 되, 말, 섬 등을 지금도 뿌리 깊게 사용하고 있다. 하지만 우리가 조상 대대로 사용해온 많은 고유의 단위들이 점점 잊혀져 사용되지 않고 있는 사실은 안타까운 일이다. 그러나 한편 미터법 도입을 정작 주도한 서양의 선진국들은 오히려 미터법 사용을 생활화하는 대신 그들이 오랜 기간 사용해오던 단위들을 오늘날 생활속에서 자연스럽게 널리 그리고 깊이 사용하고 있다. 예를 들면, 그들은 도로의 이정표에 미터(m) 대신 마일, 야드를 슈퍼마켓에서 그램(g) 대신 파운드, 부피의 단위로 온스를 그리고 주유소에서 리터 대신 갤런 등을 사용하고 있다. 특히 그들이 생산하고 사용하는 자동차의 거리미터기도 마일과 미터 단위를 같이 사용하고 있는 실정이다. 또한 우리는 년호를 나타내는데 단기를 서기로 바꾸어 사용하고 있다. 서양이 서기를 사용하는 것은 당연하겠지만 일본은 왕의 재임기간을 년호로 쓰고 있으며 대만은 장개석 총통이 본토에서 대만으로 옮겨온 때부터를 연호로 사용한다. 다른 나라에서는 그들의 관습과 제도를 지키고 유지하는데 노력하고 있는데 반해 우리는 우리의 훌륭한 관습과 전통을 헌신짝처럼 버리고 지키지 못하면서 다른 나라의 것을 너무 쉽게 받아들이는 것 같다.

따라서 여기 우리 고유의 단위에 대해 소개하고자 한다.

1) 길이 : * 1자(尺:척)=10촌(寸)≒30.3cm
* 1간(間)=6자
* 1리=36정=3927m
* 1정(町)=60간=360자=109m

2) 넓이 : * 1평=36평방자(6자×6자≒1.8m×1.8m)
* 1단보=300평 * 1정보=10단보=3000평
* 1마지기=200평 * 1섬지기=20마지기
(보통 논과 밭은 단보, 마지기, 섬지기를 사용하고 산은 정보를 사용한다.)

3) 무게 : * 1돈=3.75g * 1냥=10돈
* 1근(斤)=10냥=600g(375g) * 1관(貫)=3.75kg
(보통 금반지 무게의 단위로 돈, 냥을 사용하고 특별히 한약 1첩에 넣는 녹용의 단위로도 돈을 사용한다. 또한 정육점에서 쇠고기, 돼지고기의 무게의

단위로 600g 1근을 사용하고 기타 채소나 과일의 무게 단위는 375g 1근을 사용한다.)

4) 부피 : * 1되=10홉=1.8리터(L) * 1말=10되
* 1섬=10말

5) 개수 : * 금 1쌈 –100냥 * 김 1톳 – 100장
* 바늘 1쌈 – 24개
* 계란 1줄(꾸러미) –10개
* 한약 1재 – 20첩 * 인삼 1채 – 600g(1근)
* 연필 1타스 – 12자루 * 1그로스 – 12타스
* 종이 전지 1연 – 500장
* 낙지 1접 – 20마리 * 북어 1쾌 – 20마리
* 고등어 1손 – 2마리 * 오징어 1축 – 20마리
* 조기 1두름 – 1줄에 10마리씩 2줄
* 장작 1강다리 – 쪼갠 장작 100개
* 논, 밭 1되지기 – 1마지기의 10분의 1
* 그릇, 버선, 죽제품 등 1죽 – 10개
* 배추, 무, 마늘 1접(거리) – 100(50)개
* 소주 1고리 – 10사발 * 광목 1통 – 60자
* 기와 1우리 – 2000장 * 명주 1필 – 40자

015. 다시 생각하기

분모가 분자보다 큰 분수를 분자가 분모보다 더 큰 수로 나타낼 수 있는지 알아보자.

풀이

그렇다. 예를 들면 $\frac{-3}{8}=\frac{3}{-8}$ 과 같은 경우이다.

016. 수의 자릿수를 나타내는 단위

우리가 사용하는 수들의 자릿수에 대한 각 단위를 알아보자.

풀이

(18세기 이전에는 단위의 크기가 달랐다. 아래의 단위는 19세기 이후부터 사용하는 것이다.)

1) 자연수에 대한 자릿수들의 단위는 다음과 같다.

일, 십, 백, 천, 만(십만, 백만, 천만), 억(10억, 100억, 1000억),

조(兆-10^{12}), 경(京-10^{16}), 해(垓-10^{20}), 자(秭), 양(穰),

구(溝), 간(澗), 정(正), 재(載), 극(極),

항하사(恒河沙 - 갠지스강의 모래와 같은 수),

아승기(阿僧祇 - 항아사의 1만배),

나유타(那由他 - 아승기의 1만배-10^{60}),

불가사의(不可思議 - 나유타의 1만배-10^{64}),

무량대수(無量大數 - 불가사의의 1만배-10^{68})

2) 소수(분수)에 대한 자릿수들의 단위는 다음과 같다.

할(割-10^{-1}), 분(分-10^{-2}), 리(釐-10^{-3}),

모(毫-10^{-4}), 사(絲), 홀(忽), 미(微), 섬(纖), 사(沙),

진, 애, 묘, 막, 모호, 준순, 수유, 순식, 탄지,

찰라(10^{-18}), 육덕(六德-10^{-19}), 허(虛),

허공(虛空-10^{-20}), 공(空), 청(淸),

청정(淸淨-10^{-21}), 정(淨)

017. 불가사의와 모호 자릿수 등의 이해

불가사의는 10의 64제곱(10^{64})이고 모호는 소수점 아래 0이 12개 인 "0.0000000000001"을 나타낸다.

"경"은 10^{16}인 수이며 이 "경"보다 더 큰 수로 짐작하기 어려운 이상한 일이라는 뜻을 갖는 "불가사의"는 10^{64}인 수이다. 너무나 큰 수이기 때문에 생각하기가 어려운 수라는 의미에서 언어적이나 수학적으로 일치하는 것 같다.

"불가사의"보다 작은 수로 10^{52}인 "항하사(恒河沙)"가 있다. '항하'는 인도 갠지스강의 한자 표현으로, 이 수는 갠지스강의 모래만큼 많다는 뜻을 갖고 있는 것 같다.

무량대수보다 더 큰 수는 구골(googol)이다. 이는 미국의 수학자 에드워드 케스너가 전체 우주의 원자 수의 합산을 통해 추출해 낸 수치이다. 1 다음에 0이 100개나 붙는다. 백 년 동안 우리나라에 내린 빗방울의 수도 구골 보다는 적다고 한다. 케스너는 다시 1 다음에 0이 10억의 제곱만큼 오는 구골 플렉스(googol plex)를 고안해 내었다. 이는 우주에 있는 지구에서 가장 멀리 있는 별을 찾아가면서 0을 계속 쓴다 해도 다 쓰지 못할 정도라고 한다.

한편 "모호", "천재일우" 등은 우리에게 익숙한 일상용어이지만 아주 작은 수를 나타내는 말이기도 하다. 애매하다는 뜻의 "모호"는 '0.0000000000001'을 나타낸다. 그리고 아주 짧은 순간을 나타내는 "찰나"는 소수점 아래에 0이 17개 붙는 수이다. 이러한 수의 명칭은 불교의 영향을 받은 것으로 화엄경에서 사용한 용어를 따온 것이다.

018. 재미있는 성냥개비 놀이

성냥개비를 이용하여 다음과 같이 세 가지 모양을 만들었다. 이때 각각 성냥개비 4개의 위치를 바꾸어 3개의 정사각형이 생기도록 만들어라.

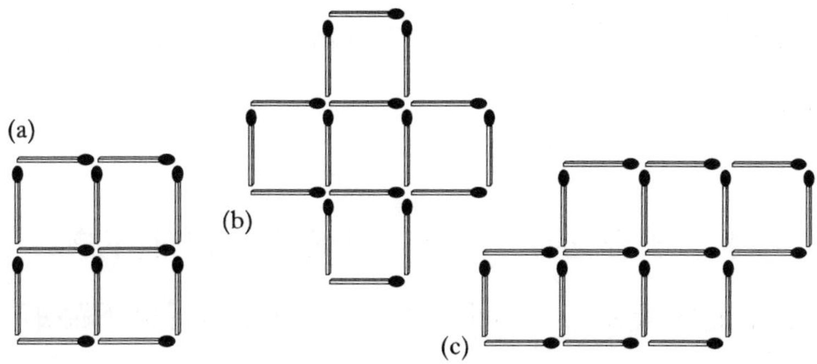

풀이

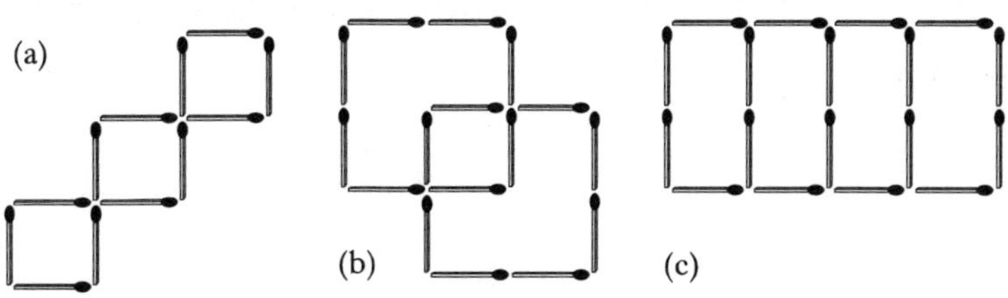

019. 인간의 나이와 관련한 한자 용어

논어(論語) 爲政편, 4章에서 공자(孔子)는 "나는 15세에 학문에 뜻을 두었고, 30세에 자립하였으며, 40세에 사리에 혹하지 않고, 50세에 하늘의 명을 알고, 60세에 귀로 들으면 그대로 이해되었고, 70세에는 마음에 하고자 하는 바를 처신하여도 법도에 어긋남이 없었다."라고 말씀하셨다. 이 원문을 적어보면 다음과 같다.

"子日 吾十有五而志于學 三十而立 四十而不惑
五十而知天命 六十而耳順 七十而從心所慾不踰矩"

(자왈 오십유오이지우학 삼십이립 사십이불혹
오십이지천명 육십이이순 칠십이종심소욕불유구)

이로부터 15 志學, 30 而立, 40 不惑, 50 知命, 60 耳順, 70 從心이라고 우리가 일생을 나이별로 나타낼 때 흔히 사용하는 말이 되었다.

020. 인간의 나이에 대한 한자용어 및 의미

회갑(回甲)을 화갑(華甲)이라고도 하는데 이 화갑은 「西遊記」에 나온 단어로써 글씨를 분석해 보면 華에는 6개의 十과 一이 있어 한자로 61이다.

華

77세를 희수(喜壽)라고 하는데 한자 喜를 초서(草書, 흘림체)로 쓰면 七十七과 같이 보이는데서 유래된 것이다. 또한

80세를 산수(傘壽)라고 하는 것도 산(傘)의 약자를 보아 八十이라고 보았으며

88세를 미수(米壽)라고 하는 것은 쌀미(米)의 글씨를 분해하여 八十八로 본 것이다.

99세를 백수(白壽)로 쓰는 이유는 흰백(白)의 白자가 일백백(百 : 100)에서 위에 그은 일(一)자가 없는 것이므로 白을 99로 본 것이다.

108세를 다수(茶壽)라고 하는 것은 茶자에서 卄은 한자로 20을 의미하는 입자이며 아래 부분의 八十八이 합해져 108이 되기 때문이다. 특히 여자 20세 전후의 나이를 방년(芳年)이라 한다.

해제(孩提)	2-3세	회갑(回甲)	61세(還曆)
지학(志學)	15세	고희(古稀)	70세(從心)
약관(弱冠)	20세	희수(喜壽)	77세
이립(而立)	30세	산수(傘壽)	80세
불혹(不惑)	40세	미수(米壽)	88세
지명(知命)	50세	졸수(卒壽)	90세
이순(耳順)	60세	백수(白壽)	99세
		다수(茶壽)	108세

021. 결혼한 해와 기념 의식

우리는 결혼을 하여 부부가 백년해로하기를 바라며 결혼 생활 기간에 대해 큰 의미를 두고 이를 축하하는 의식을 행사하기도 한다. 각 결혼 햇수에 대한 기념 의식 명칭을 찾아보자.

풀이

* 5주년 : 목혼식(木婚式)
* 10주년 : 석혼식(錫婚式)
* 12주년 : 피혼식(皮婚式)
* 15주년 : 동혼식(銅婚式)
* 20주년 : 도혼식(陶婚式)
* 25주년 : 은혼식(銀婚式)
* 30주년 : 상아 또는 진주혼식(象牙, 眞珠婚式)
* 35주년 : 산호혼식(珊瑚婚式)
* 50주년 : 금혼식(金婚式)
* 60주년 : 회혼식(回婚式)
* 75주년 : 금강석혼(金剛石婚)

022. 십간과 십이지

회갑(回甲 : 61세)은 환갑(還甲)과 같은 뜻으로 10간(干) 12지(支)에서 60년이 지나면 61번째에 자기의 태어난 해의 간지(干支)로 돌아오는 것을 말한다. 2008년은 무자년이다. 그리고 2009년은 기축년, 2010년은 경인년이다. 이와 같이 각 해에 붙여지는 이름은 '십간(十干)'과 '십이지(十二支)'의 글자를 합해서 쓴 것이다. 십간과 십이지는 구체적으로 무엇인지 알아보자.

풀이

십간과 십이지는 다음과 같다.

<table>
<tr><td rowspan="2">십간
(十干)</td><td>갑
(甲)</td><td>을
(乙)</td><td>병
(丙)</td><td>정
(丁)</td><td>무
(戊)</td><td></td></tr>
<tr><td>기
(己)</td><td>경
(庚)</td><td>신
(辛)</td><td>임
(壬)</td><td>계
(癸)</td><td></td></tr>
<tr><td rowspan="2">십이지
(十二支)</td><td>자
(子)</td><td>축
(丑)</td><td>인
(寅)</td><td>묘
(卯)</td><td>진
(辰)</td><td>사
(巳)</td></tr>
<tr><td>오
(午)</td><td>미
(未)</td><td>신
(申)</td><td>유
(酉)</td><td>술
(戌)</td><td>해
(亥)</td></tr>
</table>

십이지는 각각 동물을 나타내는데 그것은 다음과 같다.

『자(쥐), 축(소), 인(범), 묘(토끼), 진(용), 사(뱀),
오(말), 미(양), 신(원숭이), 유(닭), 술(개), 해(돼지)』

또한 십이지는 시간을 나타내는데 자시(23-01시), 축시(01-03시), 인시(03-05시), … , 해시(21-23시)까지 하루 24시간을 나타낸다.

023. 아버지가 태어나신 해(年)

2009년은 기축(己丑)년이며 아버지께서 만 60세가 되시는 해이다. 아버지가 태어나신 년도는 언제이며 아버지가 태어나신 해가 기축년임을 설명하여 보자.

풀이

십간에 10개의 글자가 있으므로 '기'라는 글자가 반복되는 것은 10년마다 이다. 즉 10년, 20년, 30년, … 후이다. 그리고 십이지에는 12개의 글자가 있으므로 '축'이라는 글자가 반복되는 것은 12년마다 이다. 즉 12년, 24년, 36년, … 후이다. 따라서 다시 기축년이 되려면 10의 배수인 동시에 12의 배수이어야 하므로 두 수의 공배수가 되는 60년 전이다. 그러므로 아버지가 태어나신 해는 1949년이며 기축년이 다시 되는 해이다.

024. 디오판토스의 나이

이집트의 프톨레마이오스 왕조 때 알렉산드리아에서 살았던 그리스인으로 당시 수학의 대가로 알려진 **디오판토스**(Diophantos : 246−330)이다. 그의 유명한 저서 「수론」은 대수학에서의 「유클리드의 기하학 원론」과 비견되는 것이다. 디오판토스는 실제로 문제를 푸는데 미지수를 사용하여 '어떤 수'라는 말 대신에 문자를 사용하는 효과적인 방법을 도입한 사람으로 그의 묘비에 새겨진 다음과 같은 비문은 그가 생각해 낸 미지수를 이용한 일차방정식의 풀이로서 그 해답을 쉽게 구할 수 있다. 특히 디오판토스의 일생에 대한 기록이 거의 없는데 이 묘비를 통해 그가 살고 죽었던 시대가 그나마 알려졌다.

다음 비문을 보고 디오판토스의 나이를 구하여 보자.

> 여행자여!
> 이 돌 아래에는 디오판토스의 영혼이 잠들어있다. 그는 일생의 1/6을 귀여운 소년으로 지냈고, 일생의 1/12이 지나서 수염을 길렀다. 다시, 일생의 1/7이 지나서 결혼하였으며, 결혼 후 5년이 지나 아들이 태어나 매우 행복하게 지냈다.

그러나 운명은 이 아들의 아름답고 찬란한 일생을 아버지의 1/2밖에 허용하지 않았다. 그리하여 디오판토스는 깊은 슬픔을 맛보았고, 아들이 죽고 난 후 4년을 더 살 고 세상을 떠났다.

풀이

디오판토스가 생애를 마칠 때의 나이를 문자 x로 놓고, 다음과 같이 식을 세워 방정식을 풀면 디오판토스가 몇 살까지 살았는지 알 수 있다.

$$(\frac{1}{6}x+\frac{1}{12}x+\frac{1}{7}x+5+\frac{1}{2}x+4=x)$$

즉 이 식을 통분하면

$$\frac{14}{84}x+\frac{7}{84}x+\frac{12}{84}x+\frac{42}{84}x+9=\frac{84}{84}x$$

이고 이 식을 정리하면

$$\frac{75}{84}x+9=\frac{84}{84}x$$

이다. 즉 $\frac{9}{84}x=9$가 되어 $x=84$이다. 따라서 디오판토스는 84세까지 살았다.

025. 여러 가지 진법 이야기

10진법은 일, 이, 삼, 사, 오, 육, 칠, 팔, 구, 십과 같이 세는 기수법(基數法)을 말한다. 즉 10을 한 묶음으로 하여 되풀이 되는 수셈법이 10진법이다. 우리가 이 10진법으로 사물을 세는 방법이 가장 널리 사용되게 된 주된 이유는 사람의 손가락이 10개인데 기인한다. 아프리카의 70여개 언어를 조사한 결과 모든 언어에서 공히 10을 표현하고 있다. 사람이 손가락을 일상 사용하고 있고 수를 표현하는데도 손가락이 편리하기 때문에 수를 나타내는데 10진법이 자연스럽게 쓰여진 것이다. 또 하나의 이유는 10진법으로 수를 표현하는 것이 다른 진법보다 간단하기 때문이다. 10진법은 5진법이 그 기능을 잃은 뒤 바로 나타났다고 할 수 있다.

2진법은 우리 인류가 최초로 사용한 기수법인 것으로 생각한다. 예를 들면 과거 호주의 어느 지역 토속 주민들은 '하나, 둘, 둘 하나, 다수'와 같이 셈하였다. 오늘날 2진법은 컴퓨터의 키 등에 적용된다. 즉 자판을 칠 경우 1이 손을 뗄 때는 0으로 하여 모든 연산이 이루어진다. 또한 공산품에 붙어있는 바코드도 2진법을 이용한 것이다. 일반적으로 3진법 이상의 모든 수는 2진법으로 표시할 수 있다.

5진법은 사람이 큰 수를 세는데 한 쪽 손의 다섯 손가락이 쉽게 사용되었던 데서 나온 기수법이다. 남미의 부족은 1, 2, 3, 4, 손반닥, 손과 1, 손과 2와 같이 한 손으로 셈을 하였다.

또 로마 숫자 Ⅰ, Ⅱ, Ⅲ. Ⅳ, Ⅴ, Ⅵ, Ⅶ, Ⅷ, … 는 표기법에서 보면 5를 한 묶음으로 하여 되풀이 되는 숫자이므로 5진법의 표기법이라고 할 수 있다.

12진법은 12를 한 묶음으로 하여 되풀이 되는 기수법으로 선사시대부터 있었으며 이는 세계 여러 지역에서 주로 측정(測定)과 관련되어 사용되었음을 짐작 할 수 있다. 1년은 12달, 1피트(feed)는 12인치(inch), 1실링은 12펜스, 1타는 12개 등은 12진법의 잔재인 것이다.

20진법도 선사시대에 사용된 것으로 보인다. 오늘날 프랑스 언어에서 80을 4개의 20, 120을 6개의 20 등이라고 하는 것은 20진법의 자취이다. 미국의 링컨 대통령의 연설문 속에 "Four score and seven years ago"라는 문구가 있는데 '4개의 20과 7년 전에'라고 말한 것이다. 또 영어의 "a score of times"는 무한대의 뜻을 나타낸다. 여기서 20은 하나의 한계(限界)를 나타낸다.

026. 예금 이자를 계산하여 보자.

승우는 정기예금을 하기위해 1000만원을 가지고 은행에 갔다. 은행 직원은 전보다 예금 금리가 떨어져 지금은 연이율이 5%라고 설명해주었다. 승우가 가지고 간 돈을 2년간 예금한다면 2년 뒤 이자는 얼마나 되는지 알아보자. 또 1000만원을 연이율 5%로 6개월 동안 예금하면 6개월 뒤의 이자도 알아보자.

풀이

이자 계산 공식은

$$\text{이자} = \text{예금액} \times \frac{\text{이율}}{100} \times \text{예치기간}$$

이다. 따라서 2년 뒤의 이자는 $1000 \times \frac{5}{100} \times 2$으로 100만원이 된다. 또한 6개월 동안 예금할 경우 6개월은 1년의 절반이므로 6개월 뒤의 이자는 $1000 \times \frac{5}{100} \times \frac{1}{2}$로 25만원이 된다.

027. 원주율 π(파이)를 알아보자.

원주율이란 원둘레의 길이가 그 원지름의 몇 배인가 하는 것이다. **원주율**의 값을 나타내는 문자 π는 영국인 **존스**(W.Jones)가 1706년에 출판한 그의 저서 "수학입문서"에서 처음 사용하였다. π는 원주를 뜻하는 그리스어 **페리메토스**(Perimetros)와 **페리페레이아**(Periphereia)의 첫 글자이다. π는 원둘레를 지름으로 나눈 것이다. 즉 $\pi = \dfrac{\text{원둘레}}{\text{지름}}$ 이다.

원 내부에 내접하는 정다각형을 그려보자. 이때 정다각형의 한 변의 길이를 구할 수 있다. 다각형의 변이 많을수록 다각형은 원에 가까워지게 되고 원의 둘레에 근접한 길이를 구할 수 있다. 이렇게 하여 우리는 원에 내접하는 정 12,288각형의 둘레 길이가 반지름의 6.283,185,2배임을 알게 되었다. 지름은 반지름의 2배이므로

$$\pi = \frac{6,283,185,2}{2} = 3.141,592,6$$

이 된다. 이것은 π의 소수 7번째 자리까지의 근사값이다.

수많은 수학자들이 π 값을 구하기 위해 다양한 방법을 동원했으며 일부 수학자들은 평생을 두고 연구하였는데 그것은 수학자들이 π 가 소수점이하의 어떤 자리의 숫자들이 연속되는 규칙성을 갖고 순환하는 순환소수(유리수)일 것이라는 희망을 버리지 못했기 때문이다. 하지만 1882년 독일 수학자 린데만(Lindemann, 1852-1939)이 π 는 순환하지 않는 무리수임을 밝혔다. π 를 구하는데 모든 사람들이 연속되는 소수점 이하의 수가 규칙성을 갖고 있을 것이라는 생각으로 사람들을 매달리게 하였다. 믿을 수 없는 일이지만 소수점 이하 710,154번째 숫자 다음에 3이 연속해서 일곱 번 나온다.

영국인 윌리엄 생크는 π 값을 구하려고 20년을 헌신했다. 야수마사와 카나다에 의해 컴퓨터로 π 값을 구하는데 116시간이 걸렸으며 검산하는데도 131시간이 걸렸다. 하지만 이 모든 것은 기록을 위한 허영일 뿐이다. 그것은 무용지물이며 학자들의 계산에서 π 값은 소수점 이하 12자리 이외에는 필요치 않다. π 의 값은 다음과 같다.

$$\pi = 3.141,592,653,589,793,238,462,643,383,279,\ldots$$

028. 목장의 3형제

3형제가 목장에서 젖소의 젓을 짰다. 21리터짜리 우유통에 우유가 가득되었다. 3형제는 이 우유를 똑같이 나누어 각자의 집으로 가져가고자 했다. 그러나 우유의 량을 측정할 수 있는 기구가 없을 뿐 아니라 우유를 나누어 담을 그릇도 없었다. 형제들은 주위를 돌아다니며 그릇 종류를 찾아 다녔는데 주변 풀숲에서 11리터, 8리터, 5리터짜리 플라스틱 통 3개를 찾아내었다. 그들은 각자 7리터씩 우유를 나누기를 바랐지만 계량도구가 없어 정확히 나누어 가질 수 없는 형편이다. 어떻게 하면 7리터씩 3형제가 나누어 가질 수 있을까?

풀이

우유통을 포함해서 4개의 통을 이용하여 다음 표와 같이 한 그릇에서 다른 그릇으로 우유를 부어 채우는 방법으로 하면 된다.

21리터	11리터	8리터	5리터	21리터	11리터	8리터	5리터
21	0	0	0	10	10	1	0
10	11	0	0	10	10	0	1
10	6	0	5	2	10	8	1
10	0	6	5	2	11	7	1
10	5	6	0	2	7	7	5
10	5	1	5	7	7	7	0

029. 고리 풀기

다음 그림의 고리는 고무줄과 같은 것으로 되어있어 얼마든지 줄이거나 늘일 수 있다고 가정할 때 어떻게 하면 왼쪽의 고리를 오른쪽의 고리와 같이 만들 수 있을까 궁리하고 설명하여 보자. 단 고리를 끊어서는 안 된다.

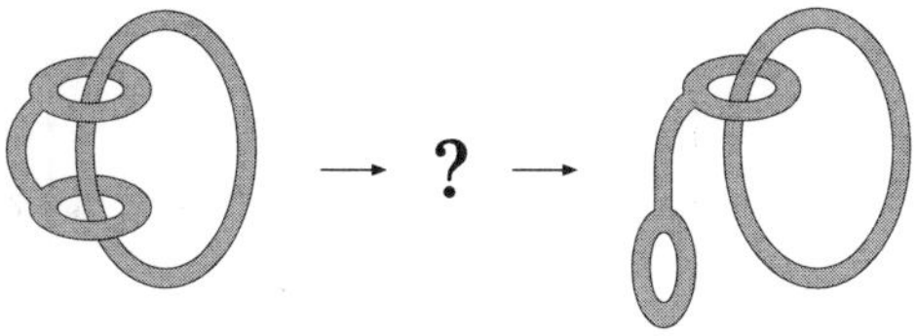

풀이

고리를 푸는 것이 불가능하다고 생각할 수 있지만 마음대로 줄이고 늘이고 좁히고 넓힐 수 있는 재질로 이루어져 있다고 가정하고 다음 그림을 잘 살펴보면 가능함을 알 수 있다.

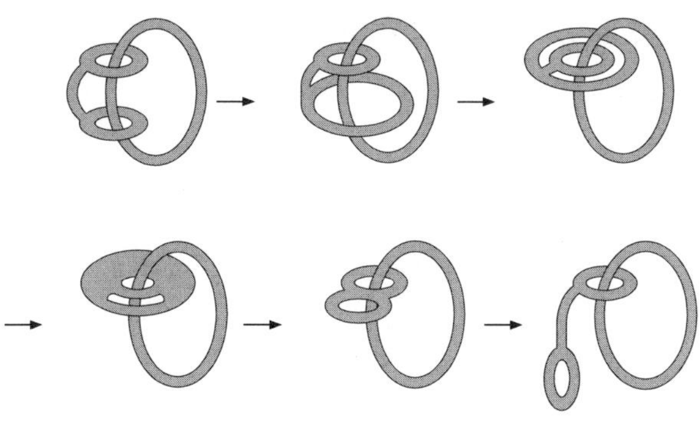

030. 황금분할이란 무엇일까?

다음의 직사각형을 보면 보통 우리의 마음에 드는 것이 하나 있다. 그것은 가운데 사각형이다. 왜냐하면 그것은 조화롭고 안정적인 아름다움을 느끼게 하기 때문이다.

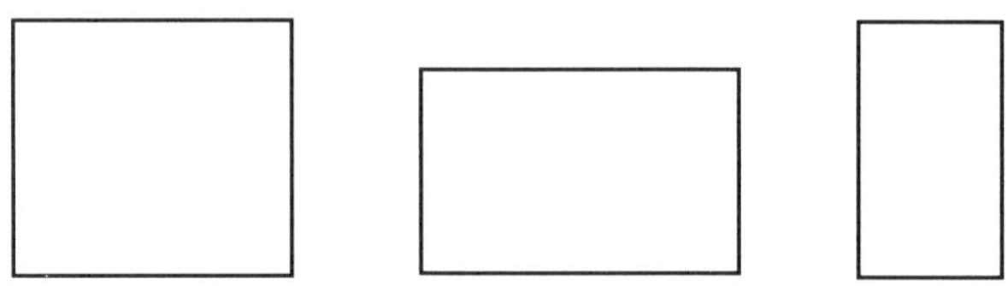

성 토마스 아퀴나스는 "비율의 조화가 오감을 만족시킨다"고 말했다. 그는 "경이롭게도 절반이 해결할 것이다(?)"라고 첨언했다. 황금분할 수가 문제의 비밀이다.

대개 사람들이 황금분할이라고 말하는 것을 **비트루비우스**(Vitruvius 로마의 건축가, BC 1세기 경 활동함)는 "신성한 비율"이라고 말했다. 황금분할을 하는 방법은 매우 단순하지만 그 결과는 참으로 신비하다.

선분 $\overline{AB}$는 $\overline{AB}$상의 점 p가

$$\overline{AB} : \overline{AP} = \overline{AP} : \overline{BP}$$

의 비율이 성립하는 지점에 위치할 경우 점 p에 의하여 황금분할 되었다고 한다.

또한 아래 직사각형에서

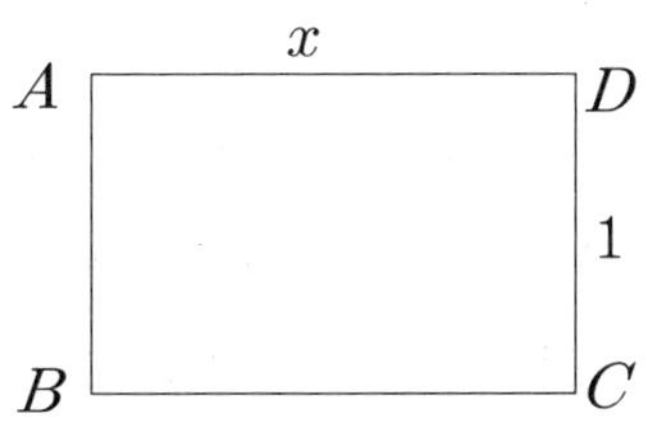

$$(x+1):x=x:1 \tag{1}$$

의 비율이 성립하면 **황금분할**되어 **황금비**를 이룬다고 한다.

이때 x의 값을 구하여보자. 위 비례식 (1)은 내항의 곱과 외항의 곱이 같으므로 식 (1)은 다음과 같이 고쳐 쓸 수 있다.

$$x^2=x+1$$

$$x^2-x-1=0$$

$$x = \frac{1 \pm \sqrt{1+4}}{2} = \frac{1 \pm \sqrt{5}}{2}$$

여기서 −의 경우는 제외하고 +의 경우만 생각한다.

따라서 $x = \dfrac{1+\sqrt{5}}{2}$ (≒ 1.62) 임을 알 수 있다.

(황금비는 약 8 : 5이다.) 이때 x를 황금분할의 수 φ라 하며 $\sqrt{5}$ (=2.236,067 …)가 무리수이므로 φ도 무리수이다.

피보나치수열에서 황금분할의 수 φ의 근사값을 구할 수도 있다. 1753년 스코틀랜드의 수학자인 **로버트 심슨**(R. Simson)은 피보나치수열에서 항이 커질수록 연속되는 두 항의 비율이 황금비율로 접근한다는 것을 알았다. 즉 수열의 어떤 항을 앞의 항으로 나누면 된다. 그러나 수열의 앞부분의 항들의 계산에서는 근사값이 나오지 않는다. 적어도 16번째 항 이후부터 계산하는 것이 좋다. 예를 들면

$$610 \div 377 = 1.618,037,...$$

이다. 피보나치는 1225년에 황금분할 수 1.618을 발표하였다.

황금분할의 비율은 고대인들의 생활에 다양하게 활용되었다. 고대 이집트의 케오프스(Kheops)의 피라미드나 룩소르(Louqsor)

사원, 그리스의 파르테논 신전, 파리의 생쟈크 탑, 샤르트르 성당의 정문 등 여러 건축물에서 이런 비율을 발견할 수 있다. 황금분할의 수는 미켈란제로나 티치아노와 같은 미술가들도 이용했으며 탁자나 다른 생활 구조물의 균형을 맞추는 열쇠로서 이용되었다. 많은 예술가와 건축가들이 이 수를 자유로이 사용했으며 그들은 계산에 의해서가 아닌 조화에 대한 본능으로 황금분할을 했다.

인간의 신체에서 발에서 배꼽까지의 길이에 1.618을 곱하면 키와 같게 되는 것을 알 수 있으며 어떤 학자들은 인간의 해골이나 혈액에서도 황금분할 수를 찾았다. 특히 우리의 손도 황금분할로 구성되어 있음을 알 수 있다. 이 때 검지의 마디마디는 황금비로 이루어져 있고 팔뚝의 길이도 손 길이의 황금비인 φ 배이다. 이로서 우리의 신체 전부가 황금분할 수에 따라 구성되었다고 주장할 수도 있는 것이다. 또 정오각형에서 황금분할 수를 찾을 수 있다. 그 외에 불가사리, 조개, 암모나이트, 솔방울, 파인애플, 달걀 등 자연에서도 황금분할의 비를 찾을 수 있다. 잘 구성된 훌륭한 작품을 보면 우리는 정신적으로 만족감을 느끼는데 그 작품 속에는 황금분할의 구도가 있음을 또한 알 수 있다. 오늘날에는 광고와 상표 그리고 각종 카드, 명함 등에서도 황금비가 사용되고 있으며 더 나아가 우주에서도 그 질서를 유지하는 바탕에는 이 황금분할이 있는 것이다.

031. 과자 상자에 찍혀있는 바코드를 알아보자

바코드는 다양한 폭을 가진 바(검은 막대)와 스페이스(흰 막대)의 배열의 형태로 일종의 정보를 표현하는 부호이다. 바코드로 정보를 표현하고 이를 해독하는 일은 바코드 장비를 통해 가능하므로 바코드는 기계언어라 할 수 있다. 바와 스페이스는 그 폭에 따라 1개 또는 여러 개의 이진수 비트(0 또는 1)로 바뀌게 되고 이들의 조합으로 정보를 나타낸다.

바코드는 처음에 슈퍼마켓의 관리를 효과적으로 하기위해 상품의 겉에 표시하도록 고안되어 오늘날 전 산업계에서 널리 사용되고 있다.

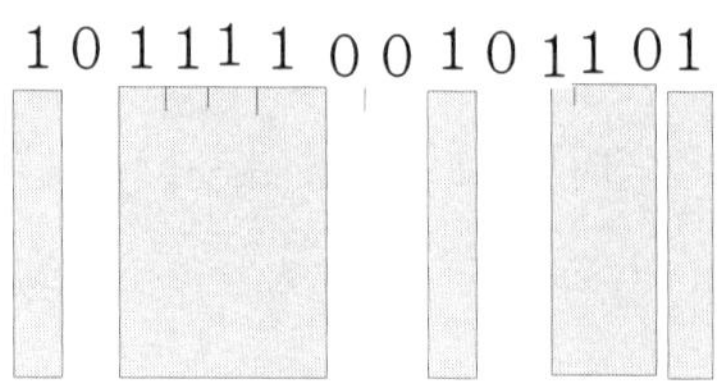

1932년 미국 메사추세츠주의 식료품 도매상의 아들인 **플린트**(w. Flint)는 하버드대학교에서 "슈퍼마켓의 계산자동화"에 대한 논문을 썼다. 이것이 계산자동화의 이점을 문서화한 최초의 시도였으나 경제적인 타당성이 부족하여 실제 활용되지는

못했다. 그러나 그는 뒤에 미국 식품체인연합회의 부사장이 되어 UPC(uniform product code)와 심벌의 표준화를 위한 연구에 지원을 아끼지 않았다. 한편 **조 우드랜드**(Joe Woodland)와 **버니 실버**(Berny Silver)는 식료품 가격의 계산을 자동으로 하는 기술적 방법을 연구했으며 1949년 그들의 연구 내용을 미국 특허에 등록했다. 그들이 고안한 내용은 "황소 눈 코드"라고도 부르는데 개념적으로 오늘날의 바코드와 같은 것이다. 그러나 당시의 경제상황이나 기술적 문제로 실용화되지는 못했다.

1950년말과 60년대초에는 오늘날의 바코드와 유사한 여러 종류의 표시 방법들이 제시되었고 60년대 말에는 많은 회사와 개인들이 슈퍼마켓의 자동화 시스템 개발을 시작하였다. 1972년 초 RCA사는 황소 눈 형태의 심벌과 스캐너를 개발하여 슈퍼마켓인 크로거(Kroger)에 이를 설치하고 18개월 동안 시험 운영하였는데 비용절감과 시스템 개선에 관련된 많은 자료를 얻게 되었다. 1974년 UPC 심벌을 판독할 수 있는 최초의 스캐너를 오하이오주에 있는 마쉬(Marsh)슈퍼마켓에 설치하였다. 이어서 1980년에는 식료품의 90%가 UPC 심벌을 부착하게 되었고 1985년 말까지는 12,000여개의 점포에 스캐너가 설치되었다. 그사이 바코드 심벌의 크기를 줄이는 노력을 계속 시도하였다. (생략)

바코드는 컴퓨터가 읽고 입력하기 쉬운 형태로 만들기 위하여, 문자나 숫자를 흑과 백의 막대 기호와 조합한 코드로 컴퓨터가 판독하기 쉽고 데이터를 빠르게 입력하기 위하여 쓰인다. 이것은 광학식 마크판독장치로 자동판독되어 입력된다. 세계상품코드(UPC : universal product code)를 따르는 상품의 종류 표시, 슈퍼마켓 등에서 매출정보의 관리(POS : point of sales system) 등에 이용된다. 가격은 별도로 표시되며 도서분류, 신분증명서 등에도 이용된다.

종래 바코드 판독에는 해드스캐너가 사용되었으나, 최근에는 레이저식이 주류를 이룬다. 레이저식에서는 판독장치 위에 바코드가 인쇄된 상품을 통과시킴으로써 코드가 자동판독되어 작업을 능률화할 수 있다. 바코드는 가로 3.73cm, 세로 2.7cm 크기를 표준으로 0.8~2배까지 축소, 확대할 수 있다.

바코드에도 여러 종류가 있으며, 일반적으로 쓰이는 것은 13자리로 구성된 'EAN 코드'이다.

0 93063 15209 8

〈바코드의 구성 체계〉

국가번호가 포함되어 있는 바코드는 바코드의 종류 중 'EAN 코드'이며 자리수는 총 13자리로 구성되어 있다. 국가식별코드는 국제상품코드 관리기관(EAN International)이 각국 코드관리기관(Numbering Organization)에 부여하는 코드로서 880은 한국 코드관리기관인 (재)한국유통정보센터(EAN Korea)를 나타낸다.

1) 국가식별 코드(3자리)

첫 3자리 숫자는 국가를 식별하는 코드로 대한민국은 항상 880으로 시작되며 세계 어느 날에 수출되더라도 우리나라 상품으로 식별된다. 그러나 국가식별코드가 원산지를 나타내는 것은 아니다. 1981년까지 EAN에 가입한 국가는 국가식별코드가 2자리이며 1982년 이후에 가입한 국가는 국가식별코드가 3자리이다. 우리나라의 국가식별코드는 880이고 다른 나라의 국가식별코드는 다음과 같다.

미국, 캐나다 : 000-139,
프랑스 : 300-379,
독일 : 400-440

일본 : 450-459 & 490-499,

영국 : 500-509

2) 제조업체코드(6자리)

6자리 제조업체코드는 한국유통물류진흥원에서 제품을 제조하거나 판매하는 업체에 부여하며 업체별로 고유코드가 부여되기 때문에 같은 코드가 중복되어 부여되지 않는다.

3) 상품품목코드(3자리)

제조업체코드 다음의 3자리는 제조업체코드를 부여받은 업체가 자사에서 취급하는 상품에 임의적으로 부여하는 코드이며 000- 999까지 총 1000품목의 상품에 코드를 부여할 수 있다.

4) 체크디지트(1자리)

스캐너에 의한 판독 오류를 방지하기 위해 만들어진 코드로 바코드가 정확하게 구성되어 있는가를 보장해주는 컴퓨터 체크디지트를 말한다.

032. 나무를 정렬하여 심기

넓은 정원에서 정원사들이 밤나무와 잣나무를 심고 있다. 정원사들은 나무를 심는데 가능한 한 정원의 공간을 효율적으로 이용하면서 정원을 아름답게 꾸며지도록 하고자 한다. 이때 정원사들이 11그루의 밤나무를 한 줄에 4그루씩 심어 6줄이 되게 하고자하며 또 19그루의 잣나무를 가져와 한 줄에 5그루씩 9줄로 심으려 한다. 정원사는 어떻게 하여 어떤 모양으로 정원의 나무를 심어 꾸밀 수 있을까 설명해보아라.

풀이

다음 그림과 같이 배열하면 된다.

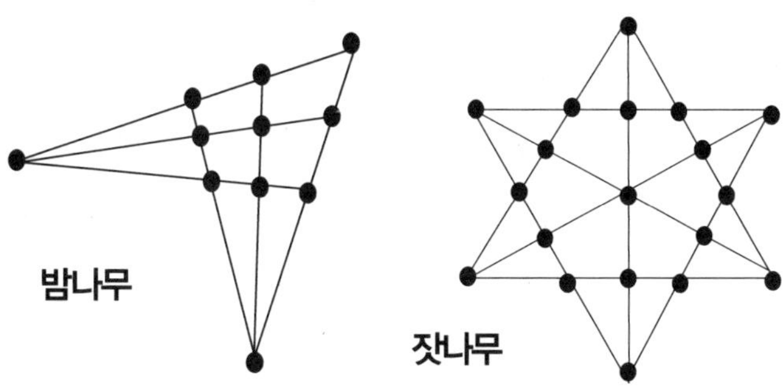

033. 윤달과 윤년(閏年)

윤달은 대략 2, 3년에 한 번씩 찾아온다. 더 자세히 말하면 19년에 7번 윤달이 온다. 음력으로 한 달은 달이 차고 기우는데 따라 대략 29.53일이고 1년은 354.37일이다. 태양의 움직임에 따른 양력보다 1년에 약 11일 모자라는 것이다. 3년이 지나면 음력 날짜는 태양의 움직임과 한 달쯤 차이가 나게 되고 날짜와 계절 사이에 차이가 생긴다. 따라서 이 차이를 없애기 위해 2-3년마다 윤달을 넣어 1년을 열세 달로 만든 것이다. 1777년부터 2050년까지 따져봤더니 윤 5월이 가장 많고 윤 4월과 6월이 그 다음이었다고 한다.

윤달은 덤으로 생겼다는 뜻에서 덤달, 여벌달, 공달로도 불린다. 가외로 있는 달이기에 부정을 타지 않고 탈이 없는 달로 여겨져 왔다. '동국세시기'(東國歲時記)는 윤달엔 '결혼하기에 좋고 수의를 만드는데도 좋다. 모든 일을 꺼리지 않는다'고 했다. 윤달엔 서울여인들이 봉은사에서 불공을 드리는 풍속도 있었다. 극락세계에 간다는 믿음 때문이었다. 산소를 손질하거나 이장하는 일도 윤달 몫이었다.

한편 최근에는 안동 삼베에 순도 99.9%의 황금을 입혔다는

4,000만원짜리 황금 수의(壽衣)가 인터넷 쇼핑몰에서 팔리고 있다. 옷에 황금 문양을 새긴 800만 원짜리 '보급형'도 있다. 나아가 보통 때보다 수의가 10배 넘게 팔린다는 유통업체도 있고 가족 납골묘 분양과 묘지 이장을 하는 장묘 업체엔 예약이 몰린다. 이는 윤달에 수의를 마련하면 자손이 번창한다거나 이장(移葬)을 하면 좋다는 속설 때문이다.

그러나 반면에 예식장과 혼수품을 파는 가전회사, 이사짐 센터는 울상이다. 윤달에는 결혼과 이사를 꺼리는 풍습 때문이다. 또한 윤달이 다가오면 제왕절개나 유도분만으로 출산을 앞당기는 임산부도 많다. 이는 윤달에 아기를 낳는 것이 불길하다는 속설 때문이다. 실제로 윤달에 태어난 사람은 음력 생일을 쇨 경우 많아야 평생 네 번 생일을 맞이하게 되고 보통은 두세 번 생일을 찾아먹는 게 전부이다. 즉 생일이 없어진 해가 많은 것이다.

그렇지만 결혼하기에 좋다던 윤달이 언제부터인가 결혼을 하면 안 되는 달로 여겨지기 시작했다. 윤달에 출산이나 이사, 집수리를 꺼리는 것도 윤달을 액(厄) 없는 달로 여겨온 우리 옛날 풍속과는 거리가 멀다.

034. 각 나라의 연호(年號)

1) 한국

한국에서는 연호를 서력으로 쓰고 있다. 과거 1960년대 초 이전까지는 서기(西紀) 대신 단기(檀紀)를 사용했으며 이후 서기를 사용하고 있다. 단기는 서기에 2333년을 더한 것이다.

2) 일본

일본에서는 서력을 쓰지 않고, 천황의 이름을 딴 독자적인 연호를 쓰는 경우가 대부분이므로, 쓰는 데 많은 불편이 따른다. 특히 일본의 문헌을 참고문헌이나 주로 달 때 그걸 우리나라에서 쓰는 것처럼 서력으로 바꾸어 표시해야 하는 경우는 일일이 표를 참조해야 하니 불편하기 그지없다.

30대 중반으로 보이는 일본인에게 '몇 년생이냐'고 물어보았다고 하자. 그런데 상대방이 40년생입니다 라고 대답하면 깜짝 놀라게 된다. 아니 60살도 넘은 사람이 왜 이렇게 젊어 보여?'

이러한 일이 벌어지는 것은 일본인들은 거의 대부분 연도를 이야기할 때 '서기'가 아니라 일본 연호를 쓰기 때문이다. 일본인은 '서기' 연도를 거의 사용하지 않는다. 책을 읽거나 신문을 볼 때도 일본 연호를 모르면 어느 때 일인지 짐작하기 힘들다.

일본의 연호를 서기연도로 환산하는 법을 알아보자.

① 메이지(明治) : 1867을 더하면 서기 연도가 된다.
(메이지 5년=서기 1872년)

② 타이쇼오(大正) : 1911을 더하면 서기가 된다.
여기서부터는 1900년대이므로 뒷 숫자만 계산해도 헷갈리지 않는다. 즉 11을 더하면 된다.
(타이쇼오 10년= 서기 1921년)

③ 쇼오와(昭和) : 昭和 시대는 1926년부터 1988년까지 지속되어 20세기의 절반 이상을 차지했기 때문에 쇼오와(しょうわ)라는 말 자체를 붙이지 않는 경우도 있다. 25를 더하면 서기가 됨.
(쇼오와 원년 = 1925년, 쇼오와 10년=1935년,
쇼오와 60년 = 1985년)

④ 헤이세이(平成) : 1988을 더하면 서기가 됨.
(헤이세이 원년 = 1989년, 헤이세이2년 = 1990년,
헤이세이 21년 = 2009년)

3) 대만

대만은 최근 장제스(蔣介石) 전 총통의 호를 따 지은 대만의 관문인 중정(中正)공항의 명칭을 '타이완 타오위안(桃園) 국제공항'으로 변경한 바 있다. 이와 함께 집권당은 대만의 책력 방식인 '민국(民國)' 연호(年號)를 폐기하고 다른 나라처럼 서력(西歷) 기원을 사용하려한다. 이는 탈중국화(去中國化) 정책의 일환으로 점진적으로 대만 독립을 추진해나가자는 의도로 풀이된다. 그러나 국민들의 반대도 만만치 않다.

대만의 연호인 '중화민국 99년'은 서기 2010년이다.

예를 들어 서기 2000년이라는 것은 예수 탄생을 기점으로 하는 그레고리력에 따른 것이다. 그러나 달력은 한 가지만이 있는 것이 아니다. 유대교의 헤브루력으로 치면 서기 2010년은 5770년, 이슬람력으로는 1430년, 대만의 민국력으로 99년, 일본의 헤이세이[平成]력으로는 22년, 단기로는 4343년, 불기로는 2554년이 된다.

035. 더 좋은 숫자를 택할 수 있을까?

여섯 개의 숫자를 조심스럽게 택하여 원형 고리를 다섯 개로 나눈 영역과 그 안쪽에 써 넣었다. 이 여섯 개의 수 1, 1, 3, 6, 6, 18을 적절히 더하면 1부터 35까지의 모든 자연수를 만들 수 있다. 예를 들면 26은 18+6+1+1로 만들 수 있다.

이것은 더 향상될 수 있다. 1, 2, 4, 6, 6, 20을 택하면 이 수들을 적절히 더하여 1부터 39까지의 모든 자연수를 만들 수 있다. 또 1, 2, 3, 5, 10, 22를 택하면 43까지의 모든 자연수를 만들 수 있다. 또 다른 수들을 택하여 더 큰 수까지의 합을 만들 수 있는 수들은 무엇이 있을까?

풀이

수를 구성할 때 배열된 각 수를 택하는 것과 택하지 않는 두 가지의 경우가 있으므로 이진법으로 생각할 수 있다. 따라서 이진법의 각 자리 수가 의미하는 수를 배열하면 된다. 가장 좋은 수는 1, 2, 4, 8, 16, 32이다. 이들을 이용하면 1부터 63까지의 모든 자연수를 만들어낼 수 있다. 또한 여섯 개의 수 중에서 적어도 1개 이상 택하는 경우의 수는 63이므로 이것이 최선의 배열이다.

036. 수의 신기한 배열

다음 그림은 수를 일정한 규칙에 따라 배열해 놓은 것이다. 각 그림의 빈칸을 규칙에 맞게 숫자로 채워보자.

1) 사각형의 4 꼭짓점의 수의 합이 42인 수의 배열

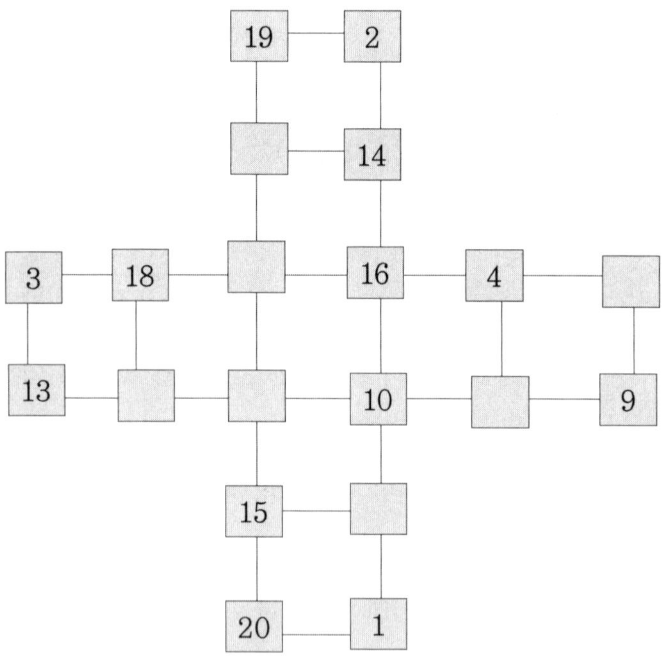

2) 가로, 세로, 대각선의 수의 합이 30인 수의 배열

14		2	5
3			8
13	10		6
0	7		

3) 5개의 숫자 합이 65인 수의 배열

(동심원의 경우 가운데 5 포함)

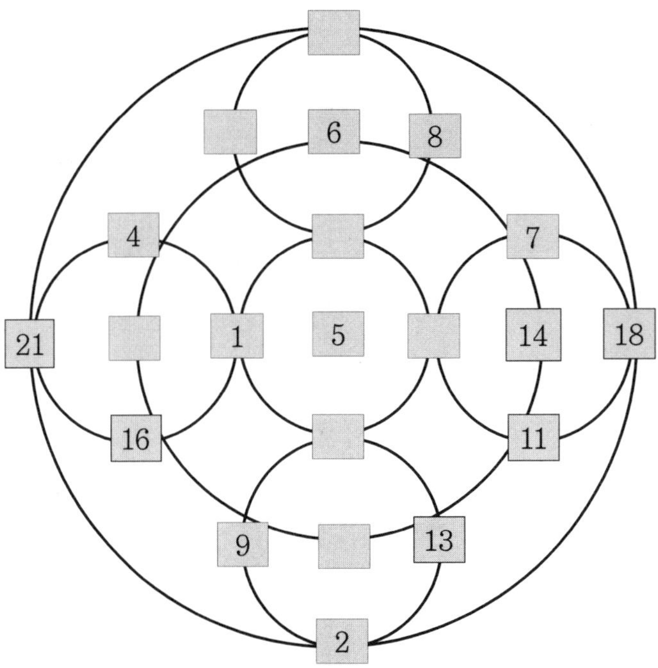

4) 세 변에 접한 5개의 숫자의 합이 28인 수의 배열

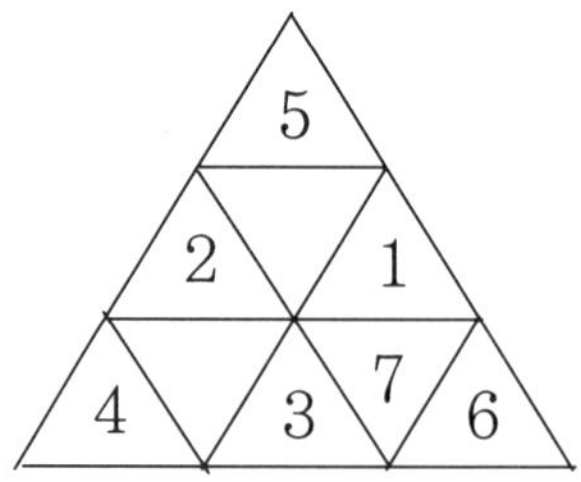

5) 중앙의 7을 포함한 원주상이나 방사성의 7개의 수의 합이 68

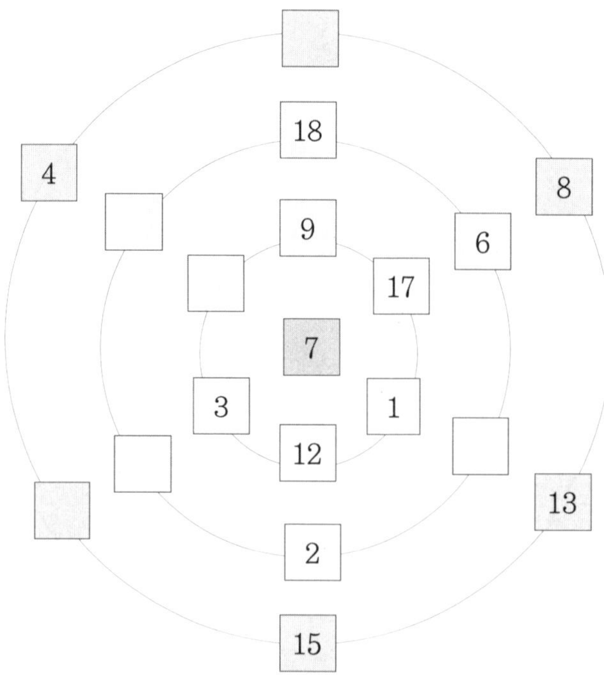

6) 지수귀문도

육각형을 벌집모양으로 이어 각 꼭짓점에 숫자를 써넣고 각 꼭짓점의 수를 합한 값을 육각형 안에 써 넣어 이들의 값이 같도록 하는 배열을 지수귀문도라 한다. 이 때 지수귀문도는 각 꼭짓점의 수를 1부터 30까지 사용하고 각 육각형의 합은 93이 되는 특이한 배열이다. 6개의 숫자를 배열한 육각형 하나로 이루어진 가장 기초적인 배열과 16개의 숫자를 배열한 육각형 4개, 30개의 숫자를 배열한 육각형 9개(지수귀문도) 등 여러 모양을 만들 수 있고 배열하는 숫자의 개수에 따라 무한 확장할 수 있다. 지금 까지 지수귀문도의 숫자 배열은 90, 92, 93이 되는 세가지 형태가 있으나 최근 신문광고에 나온 지수귀문도를 보고 호기심이 발동한 지용기씨는 숫자의 개수가 6, 16, 30, 48, 70, 96, 126등으로 만들어지는 다양한 크기의 지수귀문도를 완성했다. 그는 수의 개수가 많아지는데 따라 합이 변하는 규칙성도 알아냈다. 그러나 그는 끝내 이러한 숫자 배열을 완성시키는 일반적인 방법은 찾지 못했다.

한편 지수귀문도를 완성한 지용기씨의 보도를 보고 이지원씨는 자신이 이미 10년 전에 지수귀문도를 완성하는 일반적인 방법을 고안했다고 했다. 이씨 자신은 처음에는 '별로 대단한 것이 아니다.'라고 덮어 두었다. 이지원씨의 방법에서 특기할 만한 것은 숫자의 배열을 바꿀 경우 육각형의 합이 여러 값으로 나올 수 있다는 것을 설명할 수 있다는 점이다. 이지원씨는 이미 30개의 숫자로 배열을 만들 경우 89, 91, 95, 97 등 다양한 값으로 나타나는 배열도를 완성했다. 이는 합이 93이었던 최석정과 지용기씨의 방법과는 약간 차이가 나고 당연히 배열 방식도 다르다. 이지원씨의 방법에서 또 하나의 특기할 점은 합을 만들어가는 방법이 너무나 명쾌하고 간단해 초등학생도 이해할 정도라는 것이다.

지금까지의 여러 가지 배열 방법을 고려할 때 지수귀문도는 마방진과 같이 합이 같다고 하드라도 배열이 여러 가지일 수 있다. 더욱이 형태는 같더라도 여러 종류의 합이 나올 수 있어서 여기에서 풀려나오는 비밀스러운 배열의 개수가 얼마나 될지, 왜 이러한 성질이 나타나는지에 대하여 더욱 깊이 있는 연구가 필요한 실정이다.

다음의 지수귀문도에서 빈칸을 채워보자.

1)

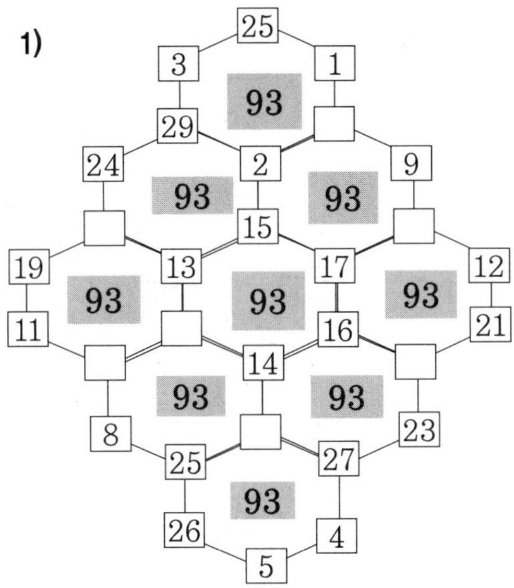
25
3
1
93
29
24
2
9
93
93
15
19
13
17
12
93
93
93
11
16
21
14
93
93
8
23
25
27
93
26
4
5

2)

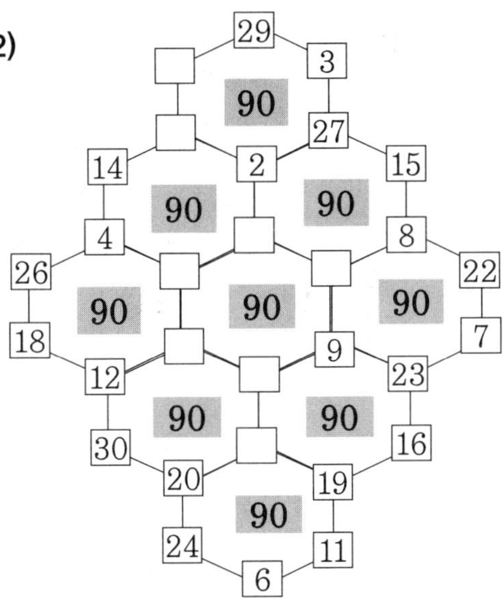
29
3
90
27
14
2
15
90
90
4
8
26
22
90
90
90
18
9
7
12
23
90
90
30
16
20
19
90
24
11
6

3)

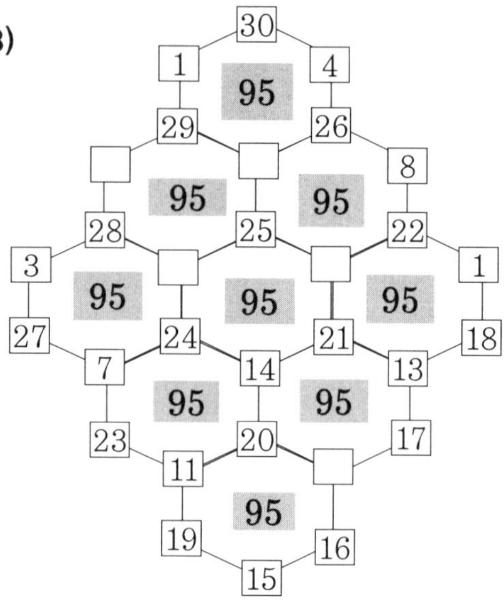
30
1
4
95
29
26
8
95
95
28
25
22
3
1
95
95
95
27
24
21
18
7
14
13
95
95
23
20
17
11
95
19
16
15

4)

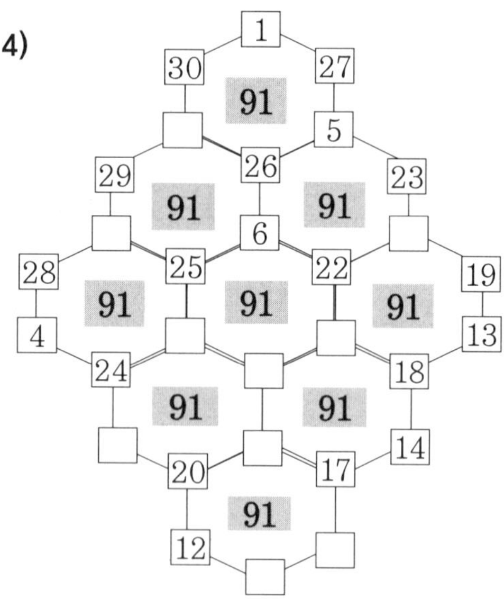
1
30
27
91
5
26
29
23
91
91
6
25
22
28
19
91
91
91
4
13
24
18
91
91
14
20
17
91
12

7) 육각진(hexagon)

아래 그림의 육각진은 **클리퍼드 애덤스**(Clifford.W. Adams)가 1910년부터 수를 채우는 풀이를 찾기 시작하여 1957년에 해결하였는데 병원에 입원한 동안 풀이를 한 종이를 잃어버려 다시 수년이 더 걸려 문제 해결을 하였다고 한다. 육각진은 빈칸에 1부터 19까지의 자연수를 넣어 3가지 방향으로 3, 4, 5개의 수들의 합 15가지가 모두 38이 되는 수의 배열이다. 육각진의 빈칸을 채우고 이를 확인하여보자.

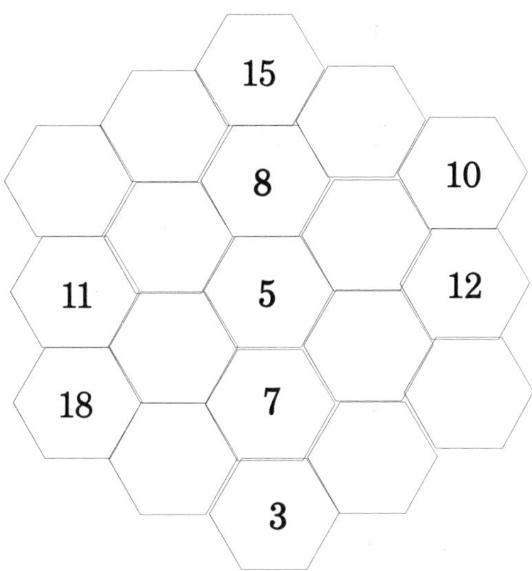

037. 마방진 만들기

마방진은 다음 그림과 같이 가로, 세로, 및 대각선에 있는 각각의 수들의 합이 같도록 배열한 것을 말한다. 여기서, 방(方)은 정사각형, 진(陳)은 나열한다는 뜻이다. 마방진에 들어가는 숫자는 자연수이어야 하며 중복하여 쓰지 않는다.

8	1	6
3	5	7
4	9	2

마방진은 가장 간단한 가로, 세로 3×3 형의 방진에서 4×4, 5×5, … 등과 같이 여러 형태로 만들 수 있다. n행 n열의 정사각형 모양의 칸에 1에서 n^2까지의 정수를 나열하여 가로, 세로, 대각선의 합이 같아지도록 한 것이 n차 마방진이다.

1) 3차마방진 만들기

풀이 1

3차마방진을 만들기 위해 왼쪽 그림과 같이 3×3형의 정4각형을 그리고 각 변의 밖의 중앙에 각각 칸을 하나씩 더 만들고 1부터 9까지의 수를 그림과 같이 쓴다. 그리고 3×3형의 정4각형 밖에 있는 수 1, 3, 7. 9를 행과 열을 따라 3×3형의 정4각형 안에서 먼 쪽에 위치한 빈칸으로 이동하여 쓴다. 그러면 3차마방진이 된다.

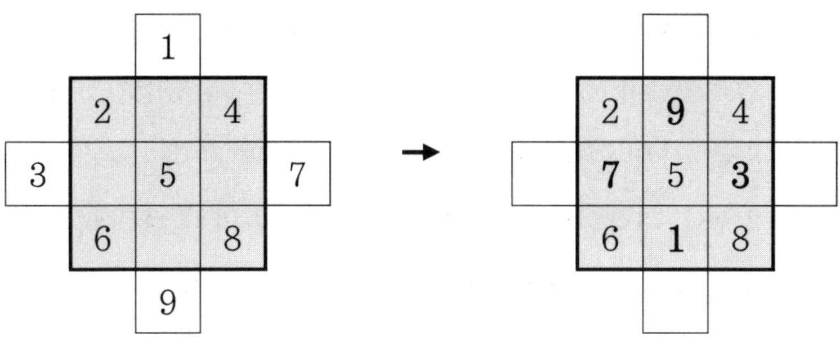

풀이 2

또 다른 방법으로 3차마방진을 만들 수 있다.

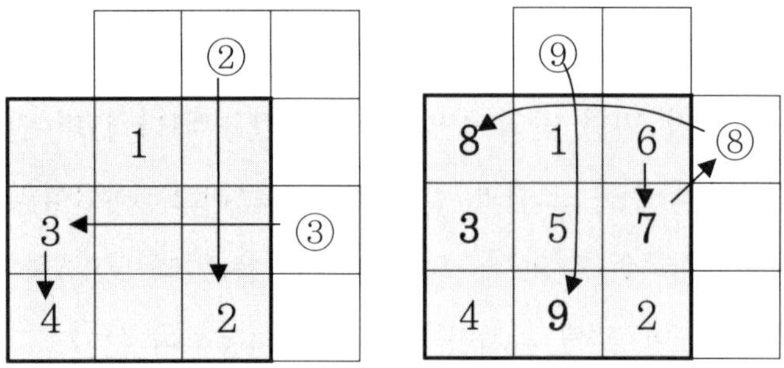

(방법)

(1) 3×3형의 정4각형의 첫행의 가운데에 1을 쓴다.

(2) 1에서 대각선으로 오른쪽 위 칸(그림의 ②)에 2를 쓴다. 그리고 이 2를 3×3형의 정4각형안의 3행3열칸(열을 따라 가장 먼 위치의 칸)으로 이동하여 쓴다.

(3) 2에서 대각선으로 오른쪽 위 칸(그림의 ③)에 3을 쓰고 이를 다시 그림과 같이 2행1열칸(행을 따라 가장 먼 위치의 칸)으로 이동하여 쓴다.

(4) 다음 4를 3의 아래에 쓴다. (3에서 대각선으로 오른쪽 위에는 1이 있기 때문에 아래에 쓴다.)

(5) 4에서 대각선으로 오른쪽 위 칸에 5를, 5에서 다시 대각선으로 오른쪽 위 칸에 6을 쓴다.

(6) 6에서 대각선으로 오른쪽 위 칸이 없으므로 6의 아래칸에 7을 쓴다.

(7) 7에서 대각선으로 오른쪽 위 칸(그림 ⑧)에 8을 쓰고 이를 다시 1행1열칸(행을 따라 가장 먼 위치의 칸)으로 이동하여 쓴다.

(8) 8에서 대각선으로 오른쪽 위 칸(그림 ⑨)에 9를 쓰고 이를 다시 3행2열 칸(열을 따라 가장 먼 위치의 칸)으로 이동하여 쓴다.

(참고)

3차마방진은 오직 한 가지뿐이다. (풀이 **1**)의 결과 만들어진 3차마방진과 (풀이 **2**)의 결과 만들어진 3차마방진은 실제 꼭 같은 것으로 한쪽을 시계방향으로 180도 회전하면 같게 된다. 이와 같이 3차마방진은 회전하거나 대칭이동할 경우 모두 같은 마방진이 된다.

2) 5차마방진 만들기

풀이 1

5차마방진(홀수차 마방진)을 만드는 것은 3차마방진을 만드는 방법과 동일하다. 3차마방진 만드는 방법과 다음의 그림을 보고 5차마방진을 만들면 된다.

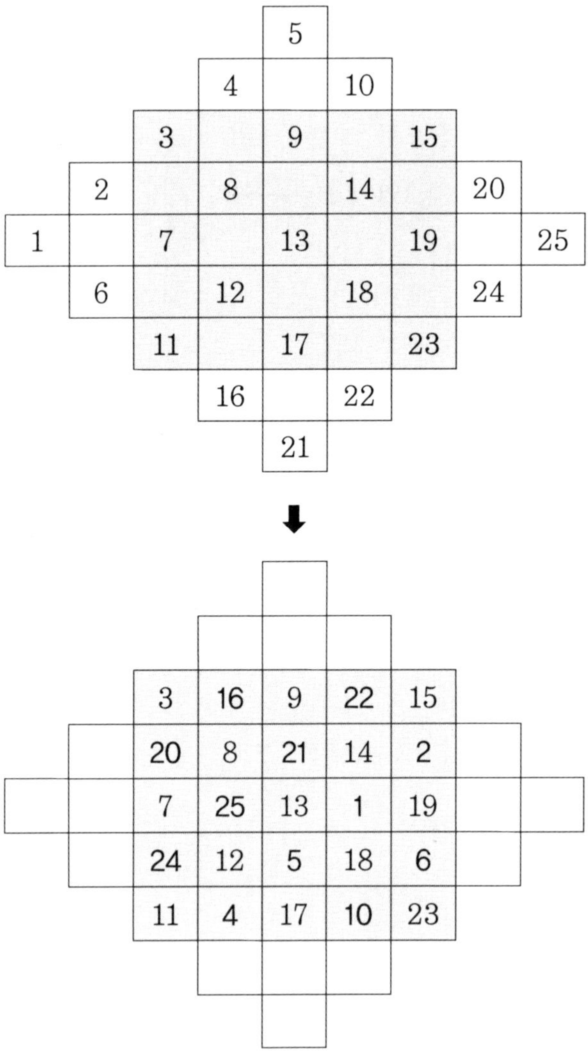

풀이 2

			2	9	
		1	8		
	5	7			
4	6				4
10				3	10
			2	9	

⇒

	18				
17				15	17
			14	16	
		13	20		
10	12	19			
11	**18**			9	

⇒

		25			
17	24			15	
23				16	23
			20	22	
		19	**21**		
	18	**25**		9	

⇒

17	24	1	8	15
23	5	7	14	16
4	6	13	20	22
10	12	19	21	3
11	18	25	2	9

3) 4차마방진 만들기

4차마방진을 만드는 2가지 방법을 알아보자.

풀이 1

다음 순서에 의하여 4차마방진을 만들 수 있다.

① 먼저 마방진 위에 대각선으로 점을 찍는다.

② 맨 윗줄의 왼쪽 칸부터 차례로 1부터 16까지의 숫자를 쓴다.

③ 점을 찍지 않은 칸의 수 들을 대상으로 마방진의 중앙을 중심으로 대칭(원점에 대칭)이 되는 위치에 있는 수들을 서로 교환하여 쓴다. 즉 2와 15, 3과 14, 5와 12, 9와 8을 맞교환하여 쓴다.

○			○
	○	○	
	○	○	
○			○

⇒

1	2	3	4
5	6	7	8
9	10	11	12
13	14	15	16

⇒

1	15	14	4
12	6	7	9
8	10	11	5
13	3	2	16

풀이 2

(풀이 1)의 순서대로 ①, ②를 행하고 다음 ③을 수행하면 된다.

③ 대각선을 지나는 칸의 수들을 대각선의 교점(원점)을 중심으로 서로 점대칭 하여 이동시킨다.

○			○
	○	○	
	○	○	
○			○

⇒

1	2	3	4
5	6	7	8
9	10	11	12
13	14	15	16

⇒

16	2	3	13
5	11	10	8
9	7	6	12
4	14	15	1

038. 완전한 마방진(완전방진)을 알아보자

마방진은 가로, 세로, 및 대각선에 있는 수들의 각각의 합이 같도록 배열한 것을 말한다. 마방진 중에서 특별히 가로, 세로, 각 대각선의 합이 어느 경우든지 같은 것을 완전방진이라 하며 이 경우 34로 모두 같다. 또 여러 경우의 네칸의 수를 합해도 34가 됨을 알 수 있다. 이를 확인하여 보자.

7	12	1	14
2	13	8	11
16	3	10	5
9	6	15	4

풀이

완전방진은 가로, 세로, 대각선상의 네 수의 합이 34일 뿐 아니라 그 외에 아래 그림에서 와 같이 점 *으로 표시한 4개의 칸에 위치한 수들의 합도 모두 34이다.

7	2	11	14
12	13	8	1
6	3	10	15
9	16	5	4

*			*
*			*

		*	*
		*	*

*	*		
*	*		

		*	*
		*	*

*	*		
*	*		

*	*		
*	*		

	*	*	
	*	*	

		*	*
		*	*

	*	*	
	*	*	

	*	*	
	*	*	

	*	*	
	*	*	

*			*
*			*

*			
		*	
		*	
*			

			*
	*		
	*		
			*

*			*
	*	*	

	*	*	
*			*

*	*		
*	*		

		*	*
		*	*

*			*
*			*

*			*
*			*

			*
*			
	*		
		*	

		*	
			*
*			
	*		

	*		
		*	
			*
*			

*			
			*
		*	
	*		

	*		
*			
			*
		*	

		*	
	*		
*			
			*

039. 커피 잔의 배치

커피가 들어있는 잔이 3개, 들어있지 않은 잔이 3개 있다. 한 개의 잔만 손대어 커피가 들어있는 잔과 비어있는 잔을 교대로 나열하여 보아라.

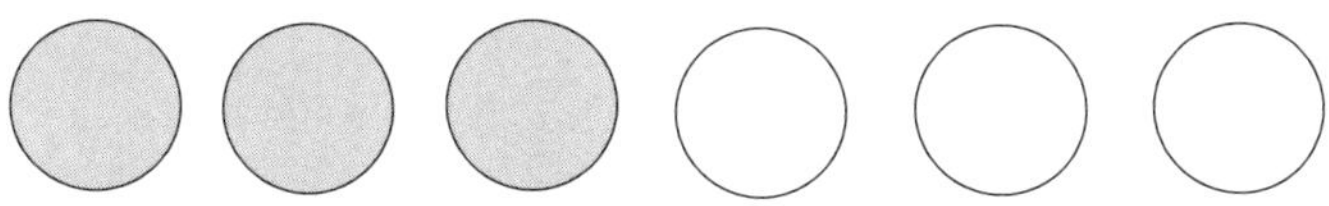

풀이

커피가 들어있는 두 번째 잔을 들어 다섯 번째 빈 잔에 커피를 전부 붓고 잔을 도로 제자리에 두면 된다.

040. 재미있는 라틴마방진

n개의 서로 다른 기호를 써서 n행 n열의 정사각형으로 늘어놓을 때 각 행 각 열에 어느 기호도 꼭 한 번씩만 나타나도록 한 것을 n차의 라틴마방진이라 한다. 수 1, 2, 3, 4를 이용하여 4차 라틴마방진을 만들어보자.

풀이

수 1, 2, 3, 4를 이용한 4차 라틴마방진은 가로, 세의 합이 모두 10이다.

1	2	3	4
2	1	4	3
3	4	1	2
4	3	2	1

1	2	3	4
3	4	1	2
4	3	2	1
2	1	4	3

041. 객실이 무한개인 호텔

무한개의 객실을 갖고 있는 호텔이 있다. 오늘 이 호텔의 무한개의 객실은 모두 손님이 들었다고 하자. 그런데 손님 한 명이 와서 방을 달라고 요구하였다. 무한개의 객실에 손님이 모두 들어있는데 어떻게 방을 빌려줄 수 있을까? 그리고 잠시 뒤 무한대의 사람들이 몰려와 방을 또 요구했다. 호텔 직원은 이번에는 이들에게 어떻게 방을 주어야 할지 고민을 하였다. 그러나 직원은 궁리 끝에 무한대의 사람들을 모두 투숙시켰다. 어떻게 하였을까?

풀이

한 명이 방을 요구했을 때는 호텔 직원이 적당한 방을 하나 택하였다. 그리고 그 방과 그 방의 번호보다 뒤 번호의 방에 투숙한 사람들을 모두 그 다음 번호의 방에 차례로 옮겨 투숙하게 하였다. 그리고 나서 처음 택한 그 방에 새로 온 손님을 투숙시켰다.

또 다른 방법으로는 아예 이 호텔에 투숙한 모든 손님들을 현재 투숙한 방에서 다음 번호의 방으로 옮기게 한다. 그러면 처음 방인 1번 번호의 방이 비게 되므로 그 방에 새로온 한 손님을 투숙시키면 된다.

또한 무한히 많은 손님들이 몰려온 경우 그 방법은 현재 투숙한 호실의 번호보다 2배가 되는 번호의 호실로 모든 손님을 옮기도록 했다. 즉 1호실은 2호실로, 2호실은 4호실로, 3호실은 6호실로 … 방을 이동한 것이다. 그러면 전체 객실 중에서 홀수 번호인 방은 모두 비어있게 되므로 무한 대의 손님을 이 홀수 번호의 방에 투숙시킬 수 있었다.

042. 등변사다리꼴 만들기

정오각형을 네 개의 이등변삼각형으로 분할하여 다시 그것을 붙여 등변사다리꼴을 만들어보자.

풀이

다음 그림과 같이 잘라 붙이면 된다.

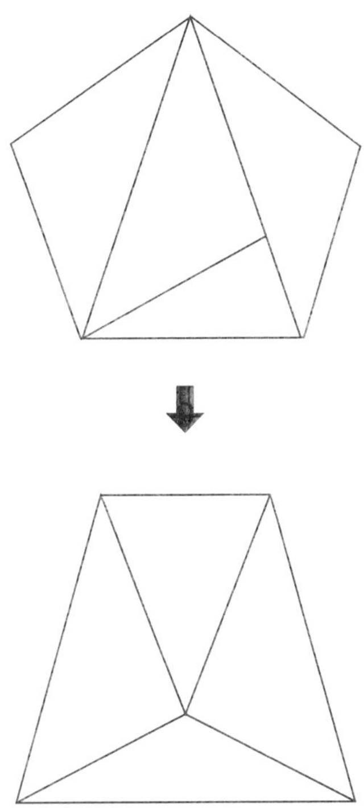

043. 성냥개비 옮기기

다음의 성냥개비로 만든 그림에서 5개의 정사각형을 성냥개비 2개만을 그대로 옮겨 4개의 정사각형을 만들어라.

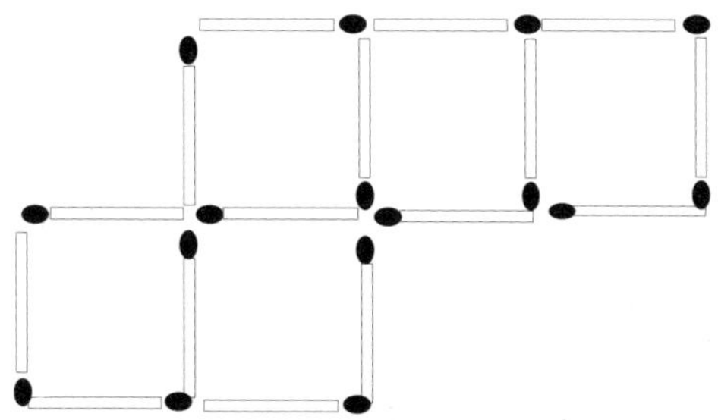

풀이

사각형 하나는 4개의 성냥개비가 필요하다. 성냥개비가 모두 16개이므로 한 변을 공유하는 사각형을 없게 만들면 된다.

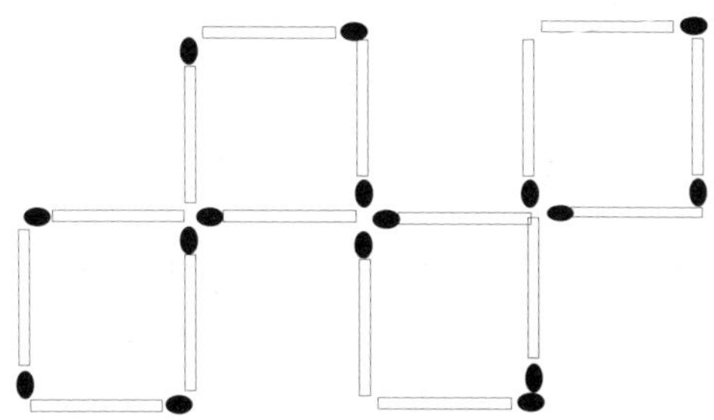

044. 강과 섬 그리고 다리 건너기

현수가 집에서 학교를 가는데 아래 그림과 같이 섬 A, B, C가 있는 강의 다리를 한 번씩 빠짐없이 모두 건너서 학교에 가려한다. 가능한 것인지? 가능하다면 그 방법은 무엇인지 설명하여 보자.

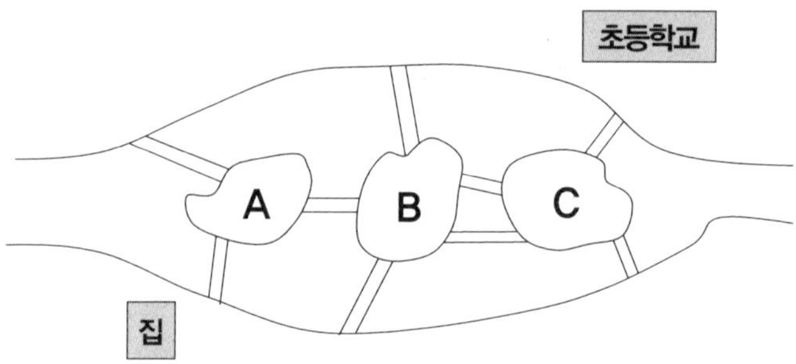

풀이

강과 섬, 다리의 모양은 아래의 그래프로 추상화할 수 있다. 여기서 A, B, C는 강 중간에 있는 섬이며 E는 집이고 P는 초등학교이다. 다리가 있는 그대로는 모든 다리를 한 번씩만 건너가는 것은 불가능하고 A와 B 사이에 다리(점선 표시)를 하나 놓으면 E를 출발하여 그래프의 각 변에 써 있는 순서대로 지나갈 수 있다.

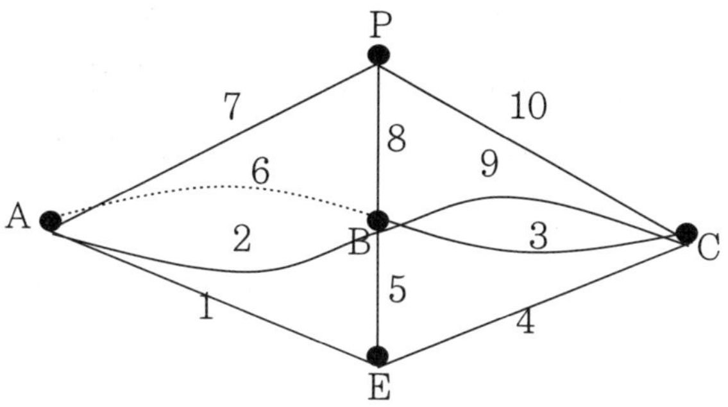

045. 과일 상자와 표지

사과와 배를 상자에 담았다. 상자 A는 사과만 담고 상자 B는 배만 담고 상자 C에는 사과와 배를 같이 담았다. 그런데 과일을 담은 상자에 과일 이름이 쓰인 표지를 붙였는데 잘못하여 상자의 내용물과 표지가 모두 다르게 되었다. 이때 과일 상자 하나에서 하나의 과일만 꺼내 보고 세 상자의 내용물을 알아내고자 하면 어느 상자에서 과일을 꺼내야 하는지 설명하여라.

풀이

사과와 배의 표지가 붙은 상자를 열면 된다. 왜냐하면 만일 사과 표시 상자를 열어 사과가 나오면 이 상자는 사과와 배가 든 상자이고 만일 배가 나왔다면 배가 든 상자이거나 사과와 배가 든 상자일 것이다. 또한 처음에 배 표시 상자를 열어도 위와 마찬가지 이다.

그러나 상자의 과일 표지가 실제와 달리 다르게 붙여져 있으므로 사과와 배 표시가 된 상자를 처음 열어 사과가 나왔다면 이 상자는 실제 사과가 든 상자이다. 또한 배 표시가 된 상자는 실제로 배가 든 상자가 아니고 이미 사과가 든 상자는 찾았으므로 이 상자가 바로 사과와 배가 든 상자이어야 한다. 그리고 나머지 사과 표시가 된 상자는 배가 든 상자가 된다. 마찬가지로 사과와 배 표시가 된 상자를 처음 열어 배가 나와도 같은 판단을 할 수 있다.

046. 먹이를 찾아 가는 거미

밑면이 6m×8m인 직사각형이고 높이가 4m인 직육면체 모양의 방에 거미 한 마리가 방의 한쪽 구석(A)에 있다. 대각선 방향의 천정 구석(D)의 거미줄에 파리가 매달려 붙어있는데 달아나려고 거미줄을 흔들고 있다. 이때 거미가 파리를 잡아먹기 위해 벽면을 통해 최단거리로 갈 경우 그 거리는 얼마가 될까?

풀이

거미가 벽을 타고 파리가 있는 곳까지 가는 최단거리의 길은 아래 그림과 같은 직육면체의 전개도에서 대각선으로 그려지는 가장 짧은 경로가 된다. 이때 경로의 길이를 AD라고 하면

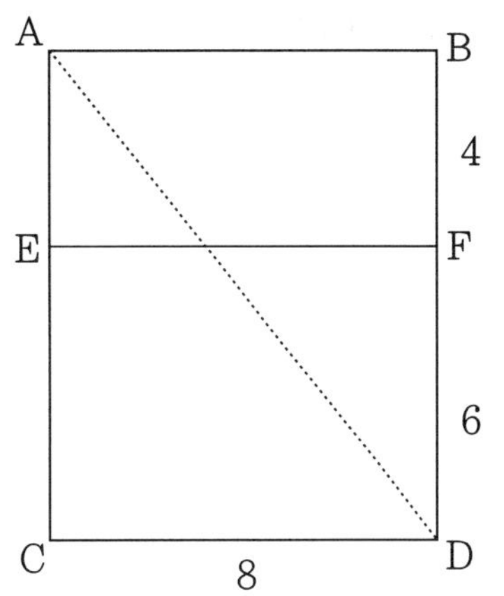

$AD^2 = (8^2 + 10^2) = 164$

$AD = \sqrt{164} \fallingdotseq 13$

이므로 계산하면 약 13m가 된다.

047. 최대의 곱

1부터 9까지의 숫자 중에서 하나씩을 선택하여 4자리수와 5자리수의 형태로 정렬하는 방법은 여러 가지가 있다. 예를 들어 5324와 89716 등이다. 하지만 그들의 곱이 최대가 되게 하는 방법은 한 가지 뿐이다. 최대가 되는 두 수를 찾아보자.

풀이

곱이 가장 큰 형태는 9642×87531로 두 수는 9642와 87531이다.

048. 세 집이 세 우물을 모두 길어먹기

아래 그래프에서와 같이 A, B, C 세 집과 ①, ②, ③ 세 우물이 있는 마을이 있다. 세 집 모두 세 가지 우물물을 모두 길어 먹으려 하는데 집에서 우물에 가는 어느 길도 서로 중복되지 않게 길어먹으려 한다. 이것이 가능한지 아니면 불가능한지를 밝혀보아라.

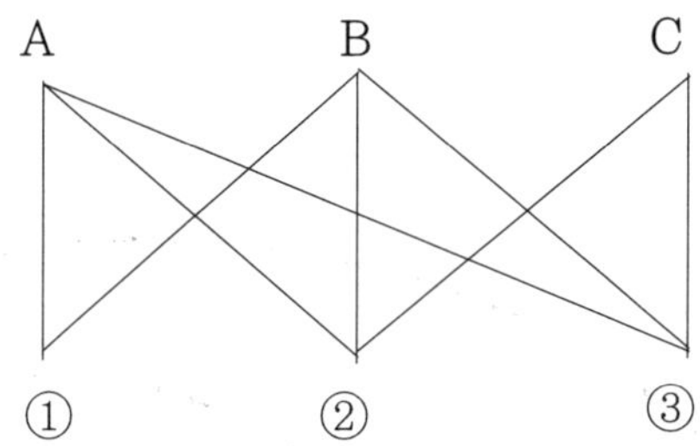

풀이

세 집이 길을 중복하지 않고 세 우물을 모두 먹을 수는 없다. 설명하기 전에 우선 '단일폐곡선의 내부에 점이 있고 외부에 점이 있을 때 이 두 점을 선으로 연결하려면 적어도 한번은 단일폐곡선과 만나게 된다'는 단일폐곡선의 성질을 이해하자.

어느 두 선도 만나지 않고 이을 수 있다고 가정해보자. 그러면 a에서 f까지의 선은 한 폐곡선 K를 만든다. Ⓐ~②, Ⓑ~③, Ⓒ~① 중 하나는 K 내부에 있고 하나는 외부에 있게 된다. 이때 ①은 단일폐곡선 $g \sim c \sim h \sim f$ 의 내부에 있고 외부에 Ⓒ가 있게 되어 Ⓒ~①은 단일 폐곡선의 내부와 외부의 성질에 의하여 폐곡선 $g \sim c \sim h \sim f$ 와 만나게 된다.

즉 단일폐곡선(아래 그림 중 진한 선) $g \sim c \sim h \sim f$의 외부점 Ⓒ와 내부점 ①은 단일폐곡선 $g \sim c \sim h \sim f$와 만나지 않고 이을 수 없다.

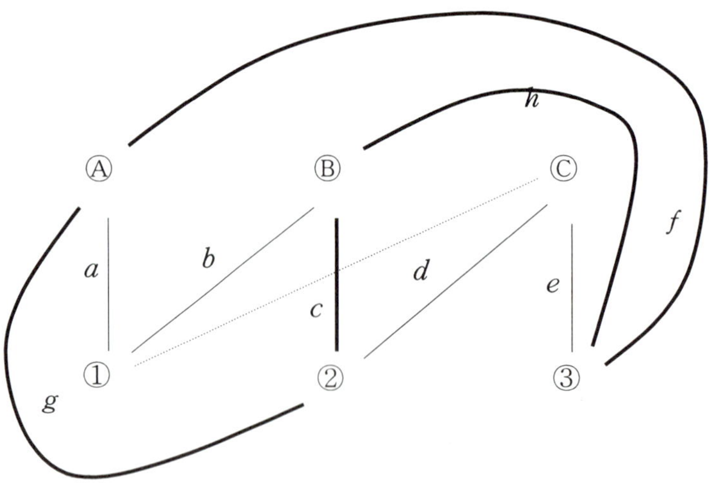

049. 시간 제한

경치 좋은 강변을 따라 20km를 달리는 자전거 경주가 실시되었다. 출발지점에서 10km를 달린 후 반환지점에서 돌아 다시 출발지점까지 10km를 달려와야 한다. 평균 시속 30km/h의 속력으로 달리면 제한 시간에 맞추어 돌아올 수 있다. 하지만 처음 10km를 달리는 동안 바람이 거세서 시속 15km/h의 속력으로 달렸다. 돌아올 때 얼마나 빠른 속력으로 달려야 제시간에 도착할 수 있을까?

풀이

왕복 20km를 시속 30km/h의 속력으로 달려야 시간 안에 돌아올 수 있다고 하므로 10km를 가는데 20분이 걸리므로 시간상 적어도 40분 내에 돌아와야 한다. 그런데 실제 처음 10km를 시속 15km/h의 속력으로 달렸으므로 5km를 달리는데 20분이 걸리고 10km를 가는데 만 40분이 걸리게 되어 사실 돌아올 때에는 이미 돌아와야 하는 시간을 다 써버려서 불가능하다.

050. 강 건너기

두 쌍의 부부가 배를 타고 강을 건너려고 한다. 두 부부는 남편인 강씨와 그의 부인인 남씨 그리고 다른 남편인 홍씨와 그 부인인 옥씨이다. 배는 100kg까지 실을 수 있는데 남편들의 몸무게가 각각 100kg이다. 아내들의 몸무게는 50kg이다. 그런데 남편들은 각각 25kg의 짐을 지고 있다. 이들 모두가 배를 저을 수 있다고 할 때 어떻게 하면 강을 모두 건널 수 있을지 알아보자.

풀이

먼저 부인들인 남씨와 옥씨가 같이 배를 타고 강을 건넌다. 그리고 나서 옥씨를 남겨두고 남씨는 배를 타고 다시 돌아온다. 남편인 강씨가 배를 타고 건너가서 강씨는 남고 남아있던 옥씨가 돌아온다. 다시 부인들인 남씨와 옥씨가 건너간 다음 강씨와 옥씨는 남고 남씨가 돌아온다. 이어서 홍씨가 건너가고 옥씨가 돌아온다. 그리고 남씨와 옥씨가 같이 강을 건너간 다음 강씨, 홍씨, 옥씨는 남고 남씨는 다시 건너와서 배낭 2개를 가지고 다시 강을 건너면 된다.

051. 대칭이 되는 년(年)도

1991년은 다사다난한 한해였으며 개인적으로 많은 기쁨과 성과가 있었다. 그런데 1991년의 수 1991은 그 자체가 대칭일 뿐만 아니라 그것을 소인수분해하면 각 소인수가 모두 대칭인 수이다.

$$1991 = 11 \times 181$$

이렇게 자신이 대칭된 배열의 숫자로 이루어져 있으면서 동시에 이 수의 소인수들도 대칭된 배열의 숫자로 이루어져있는 수를 **완전대칭수**라고 부른다. 그러나 $1881=11\times171$의 경우는 $171=3\times3\times19$이므로 171이 소수가 되지 않아 1881은 완전대칭수가 아니다. 그러면 1000년부터 3000년 사이에 이러한 완전대칭수로 이루어진 해를 몇 번이나 맞이할 수 있으며 또한 얼마나 자주 등장할 것인지 알아보자.

풀이

완전대칭수는 매우 드물게 나타난다. 1000부터 3000 사이의 완전대칭수는 다음과 같다.

$$1111 = 11 \times 101,$$
$$1331 = 11 \times 11 \times 11,$$
$$1441 = 11 \times 131,$$
$$1661 = 11 \times 151,$$
$$1991 = 11 \times 181$$
$$2112 = 2 \times 2 \times 2 \times 2 \times 2 \times 2 \times 3 \times 11,$$
$$2222 = 2 \times 11 \times 101,$$
$$2662 = 2 \times 11 \times 11 \times 11,$$
$$2772 = 2 \times 2 \times 3 \times 3 \times 7 \times 11,$$
$$2882 = 2 \times 11 \times 131.$$

이 결과는 매우 흥미로운 사실을 포함하고 있음을 알 수 있다. 즉 1661년, 1991년과의 사이는 300년의 차이가 있고 1111년과 1331년 사이, 1441년과 1661년 사이는 200년 차이가 있고 1331년과 1441년 사이, 2112년과 2222년 사이 그리고 2662년, 2772년과 2882년 사이는 100년의 차이가 있음을 안다.

이와 같은 년도는 평생에 한 번 있을까말까 한 정도로 드물다.

052. 모자의 색깔은 무엇인가?

건우의 생일파티에 영주, 보라, 경수가 초대되어 참석하였다. 이들은 게임을 하기로 하고 영주, 보라, 경수의 순서대로 앞 사람을 보고 서있다. 이 때 맨 뒤의 경수는 영주와 보라를 쳐다볼 수 있고 가운데 서있는 보라는 영주만 볼 수 있고 맨 앞에 서있는 영주는 아무도 볼 수가 없다. 건우는 빨간 모자 3개와 파란 모자 2개가 들어있는 상자를 가지고 와서 이들에게 씌워줬다. 이들은 앞 사람이 쓴 모자만 볼 수 있고 상자에 남아있는 모자도 알지 못한다. 건우가 친구들에게 각자 자기가 쓰고 있는 모자의 색깔을 아느냐고 물었다. 그랬더니 뒤에 서있는 경수와 중간의 보라가 차례로 모른다고 대답했다. 이 대답을 들은 영주는 누구의 모자를 볼 수도 없으면서 자신이 쓰고 있는 모자의 색깔을 자신 있게 말하였다. 그렇다면 영주가 쓰고 있는 모자의 색은 무엇일까 생각해보자.

영주	보라	경수

풀이

영주는 경수가 모른다고 대답하는 것을 듣고 앞의 두 사람이 모두 파란 모자를 쓰고 있지는 않다는 것을 추측할 수 있었다. 왜냐하면 앞의 두 사람이 모두 파란 모자를 쓰고 있다면 경수는 자신의 모자 색이 빨간색이라는 것을 알 수 있기 때문이다. 또한 경수의 대답을 듣고 영주와 같은 생각을 한 보라는 그녀 앞의 영주가 파란 모자를 쓰고 있는 것을 보았다면 자신의 모자 색이 빨간색이라는 것을 알았겠지만 보라 역시 자신이 쓰고 있는 모자의 색을 알 수 없다고 대답했다. 따라서 영주는 자신이 쓰고 있는 모자의 색이 빨간색이라는 확신을 가지게 되었다.

053. 나무도막의 개수

경수와 영우는 같은 크기의 정육면체 모양의 나무도막을 가지고 있다. 경수는 자기가 가지고 있는 나무도막들을 배열하여 정사각형을 만들 수 있고 또 이들을 쌓아 커다란 정육면체를 만들 수도 있음을 알게 되었다. 한편 영우는 많은 궁리 끝에 경수가 만든 형태의 정사각형이나 정육면체는 만들어 낼 수 없었다. 하지만 영우는 자기가 갖고 있는 나무도막을 배열하여 서로 다른 크기의 세 개의 정사각형 모양을 만들었고 또 이들을 이용하여 다시 두 개의 정사각형 모양을 만들었다. 경수와 영우가 가지고 있는 나무도막들이 이와 같이 만들기 위한 최소의 개수를 가지고 있다면 이들이 각각 가지고 있는 나무도막의 개수는 몇 개가 될지 알아보자.

풀이

경수는 64개의 나무도막을 갖고 있다. 즉 $64=8\times8=4\times4\times4$이다. 그리고 영우는 89개의 나무도막을 갖고 있다. 즉,

$$\begin{aligned}89 &= 8\times8+4\times4+3\times3 \\ &= 7\times7+6\times6+2\times2 = 8\times8+5\times5\end{aligned}$$

054. 정다면체는 5가지 종류만 있다.

우리는 각 면이 모두 합동인 정n각형(n>3)이고 각 꼭지점에서의 변의 수가 같은 다면체를 **정다면체**라고 한다. 그러면 정다면체는 어떤 종류가 있을까? 정다면체는 정4면체, 정6면체, 정8면체, 정12면체, 정20면체의 5종류만 존재한다. 그 이유를 간단히 알아보자.

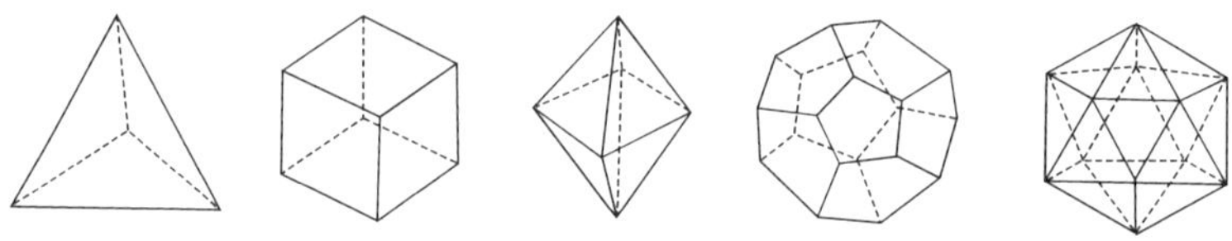

정4면체 정6면체 정8면체 정12면체 정20면체

풀이

우선 정다면체의 한 꼭지점에 모이는 정다각형의 수를 생각해 보자. 한 꼭지점에 모이는 정삼각형의 면은 3개, 4개, 5개가 모일 수 있고 6개 이상은 모일 수 없다. 왜냐하면 정삼각형의 한 내각의 크기가 60도 이므로 60도×6＝360도가 되어 면이 6개 모이면 꼭지점을 중심으로 평면이 되기 때문이다. 즉 다면체의 한 꼭지점에 모이는 정삼각형의 면이 3개인 경우 정4

면체, 4개인 경우 정8면체, 5개인 경우 정20면체가 각각 된다. 또한 한 꼭지점에 모이는 정사각형의 면은 3개가 모일 수 있고 4개 이상은 모일 수 없다. 왜냐하면 역시 90도×4=360도가 되어 평면이 되기 때문이다. 이때 한 꼭지점에 모이는 정사각형의 면이 3개인 경우 정6면체가 된다. 그리고 정5각형의 경우 한 내각의 크기가 108도이므로 108도×3=324도가 되어 360도보다 작게 되어 3개까지는 모여서 입체를 이루는데 4개 이상의 정5각형이 모이면 108도×4=432도가 되어 360도가 넘어 입체를 이룰 수 없다. 이 경우 정 12면체가 된다. 정6각형은 한 내각의 크기가 120도이므로 3개만 모여도 360도가 되어 입체를 만들 수 없다. 따라서 정다면체는 5종류뿐이다.

055. 나이 알아맞히기

어느 남자의 나이가 제곱수이고 동시에 행복한 수라고 하면 이 남자의 나이는 몇 살이 되는지 알아보자. 단 이 남자는 10대의 나이를 가진 아들이 있다.

풀이

행복한 수란 어떤 수의 각 자릿수를 제곱하여 합한 수를 구하고 다시 이 수의 각 자릿수를 제곱하여 합한 수를 구한다. 이와 같은 과정을 계속하여 1이 되는 어떤 수를 말한다. 한편 이와 같은 과정을 거쳐 1이 되지 않는 수를 불행한 수라고도 한다.

그러면 10대의 아들을 두고 나이가 제곱수라면 이 남자의 나이는 25살, 36살, 49살, 64살, 81살 등등이 될 수 있다. 여기에 행복한 수이어야 하므로 나이는 49살이다.

056. 목걸이의 고리를 어떻게 끊어야 할까?

정수는 한 줄로 연결된 7개의 고리를 가진 금목걸이를 가지고 있다. 정수는 친구인 영우에게 자신과 바둑을 두자고 제안하고 자신이 한판을 이기면 영우로부터 10만원을 받고 자신이 영우에게 지면 10만원이 더 나가는 금고리를 하나씩 주겠다고 했다. 영우는 정수보다 한수 위의 바둑실력이 있어 이길 자신이 있었고 그렇다면 가능한 한 금목걸이가 덜 훼손되길 바라며 바둑을 두었다. 하루 종일 7판의 바둑을 두었지만 정수는 영우에게 모두 패하고 말았다. 영우는 정수에게서 금고리를 가능하면 최소한으로 끊어서 받으려 했다. 어떻게 하면 가능하고 몇 번을 끊어 받으면 될까?

풀이

단지 한 고리만 자르면 된다. 만약 첫 번째 경기 후에 세 번째 고리를 끊어서 영우가 받으면 되고 고리는 1개, 2개, 4개의 고리로 나누어진다.

이 후 매번 적당히 이들을 주고받으면 7회 모두 패한 것에 대해 1개, 2개, 4개의 고리 상태로 받을 수 있다.

057. 공 던지기

학교 운동장에 큰 전나무가 서 있다. 이 학교에 다니는 민근이와 평근이는 전나무에 공을 던져 맞추기로 하고 누가 더 잘 던질까 내기를 하였다. 매 경기마다 시간을 제한하고 던지는 횟수는 자유롭게 하기로 했다. 그 결과

첫 번째 경기 : 민근이는 43회를 던져 2번 실패하고
평근이는 32회를 던져 1회 실패하였다.
두 번째 경기 : 민근이는 6회를 던져 4회 실패하고 평근이는
21회를 던져 6회 실패하였다.

각 경기에서 누가 더 잘 던졌는지 알아보자. 또한 두 경기를 합해서는 누가 더 잘 던졌는지도 알아보자.

풀이

첫 번째와 두 번째 경기 모두 평근이가 더 잘 던졌다. 그러나 두 경기를 합한 경우는 민근이가 더 잘 던졌다.

058. 위상공간은 무엇인가?

위상수학(Topology)은 수학의 한 분야로서 그 이론은 현대 수학의 대부분의 분야에 걸쳐 산재되어 있으며 자연계는 물론 인문학을 연구하는 데에도 위상수학은 중요한 역할을 하고 있다. 위상수학의 이론 정립은 이제 겨우 1세기밖에 되지 않았다. 여기서 간단한 **위상공간**(位相空間)에 대하여 알아보자.

$X(\neq\varnothing)$를 임의의 집합이라 하자. X의 부분집합들의 모임(집합족) $\mathcal{T}$가 아래 3가지 조건을 만족할 때 $\mathcal{T}$를 X상의 하나의 **위상**(topology)이라 한다.

(1) X와 $\varnothing$(공집합)가 $\mathcal{T}$에 속한다.

(2) $\mathcal{T}$의 임의의 원소의 합집합이 $\mathcal{T}$에 속한다.

(3) $\mathcal{T}$의 임의의 유한개의 원소의 교집합이 $\mathcal{T}$에 속한다.

이 때 $\mathcal{T}$의 원소를 **구성원**(member), $\mathcal{T}$**-개집합** 또는 간단히 **개집합**(open set)이라 하며 위상 $\mathcal{T}$를 갖는 집합 X를 $(X, \mathcal{T})$로 표시하여 **위상공간**(topological space)이라 한다. 구체적인 예를 들어보자.

집합 $X=\{1,2,3\}$에 대하여

$$\mathfrak{I}_1=\{X,\varnothing\},\qquad \mathfrak{I}_2=\{X,\varnothing,\{1\}\},$$

$$\mathfrak{I}_3=\{X,\varnothing,\{2\}\},\ \mathfrak{I}_4=\{X,\varnothing,\{1\},\{2,3\}\},$$

$$\mathfrak{I}_5=\{X,\varnothing,\{1\},\{2\},\{1,2\}\},$$

$$\mathfrak{I}_6=\{X,\varnothing,\{1\},\{2\},\{1,2\},\{2,3\}\}$$

$$\mathfrak{I}_7=\{X,\varnothing,\{1\},\{2\},\{3\},\{1,2\},\{2,3\},\{1,3\}\}$$

$=P(X)$ (멱집합)

등은 집합 X상의 위상들이다. 그러나 다음의 집합족들은 위상이 되기 위한 3가지 조건을 모두 만족하지 못하기 때문에 X상의 위상이 아니다. 그러므로 집합 X상에서 만들 수 있는 집합족이 무조건 위상이 되는 것은 아님을 알 수 있다.

$$\mathfrak{I}'=\{X,\varnothing,\{1\},\{2\}\},\quad \mathfrak{I}''=\{\varnothing,\{1\},\{2\},\{3\},\{1,2\}\},$$

위에 나열한 것 외에 집합 $X=\{1,2,3\}$상에서 만들 수 있는 위상을 모두 구하여보자.

풀이

$\mathfrak{I}_8=\{X,\varnothing,\{3\}\}$, $\mathfrak{I}_9=\{X,\varnothing,\{2\},\{1,3\}\}$,

$\mathfrak{I}_{10}=\{X,\varnothing,\{2\},\{3\},\{2,3\}\}$ 등등 X상에서 만들 수 있는 위상은 모두 29가지가 있다.

059. 정육각형 4개 붙이기

정육각형으로 된 타일 4개가 있다. 이 타일 4개의 각 변을 여러 방법으로 맞추어 보면 7가지의 서로 다른 모양을 얻을 수 있다. 그 7가지의 모양을 만들어보고 이 모양들을 가지고 아래 그림의 포도송이 모양과 탑 모양을 맞추어 보자.

풀이

정육각형 타일 4개를 붙여 만들 수 있는 모양 7가지는 다음과 같다. 그리고 이들을 이용하여 포도와 탑 모양을 맞춘 것은 다음과 같이 된다.

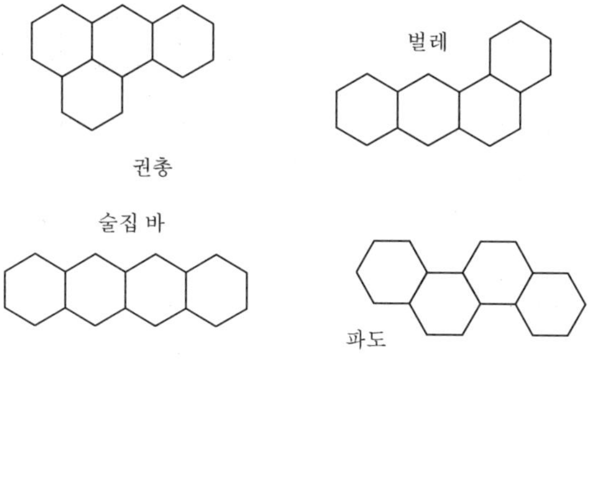

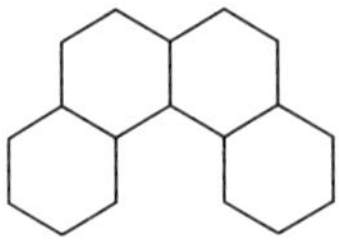

아치

프로펠러

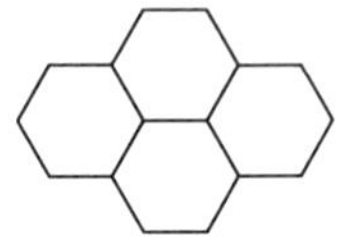

벌집

탑

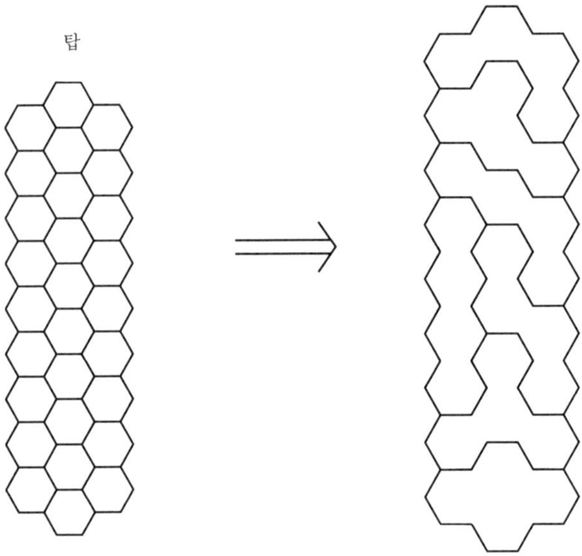

포도송이

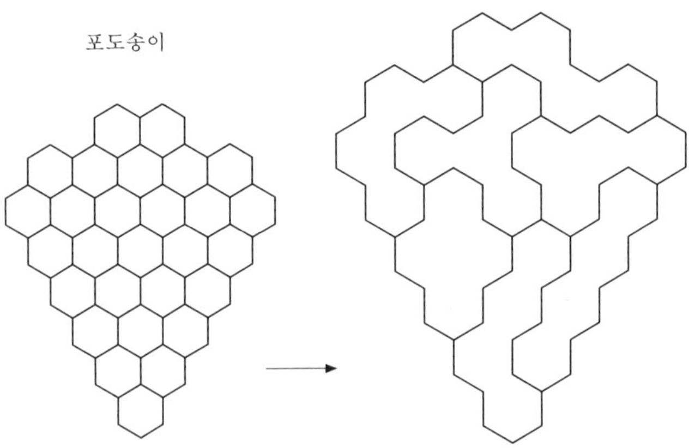

060. 조약돌 던지기

마을에 있는 연못에서 민근이는 조약돌을 물위로 던지며 놀았다. 그런데 민근이는 물위로 조약돌을 던질 경우 물위로 튄 돌은 바로 전에 튄 거리의 절반 정도 튄다는 것을 알았다. 또한 호수의 중앙 지점에 조약돌을 던지면 조약돌이 반대편 호숫가에 도달하는 것도 알았다. 그러면 민근이가 호수의 중앙 지점에 던진 조약돌이 호수 반대편에 도달하여 정지했을 때 조약돌은 몇 번이나 물위를 튀었을까?

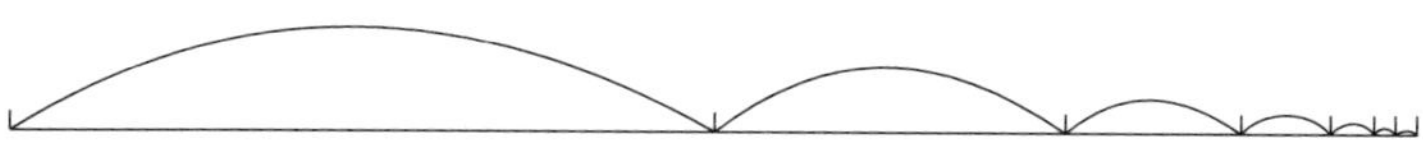

풀이

시간을 따지지 않을 경우 이론적으로 무한 번 튀어야 도달할 수 있다. 그러나 호수 반대편 쪽에서의 대부분의 튀김은 현실적으로 미미하며 시간을 동시에 생각해야 하므로 호수 반대편에 도달하는 데 튀김의 횟수가 무한번이 될 필요는 없다. 결국 조약돌은 유한 번 튀김 후에 호수 반대편에 도달하게 된다.

061. 신기한 밴드 만들기

폭이 2cm 정도이고 50cm 정도의 길이가 되는 종이 띠를 준비한다. 그리고 이 띠의 한 쪽을 잡고 다른 쪽을 같은 방향으로 3바퀴 반 돌린 다음 이 띠의 양 끝을 풀로 붙이자. 그리고 나서 이 띠의 가운데를 따라 자른다면 신기하게도 원래 밴드의 길이보다 두 배의 길이가 되는 하나의 밴드를 얻게 된다. 이와 같은 종이 띠를 준비하여 실제로 확인하여 보자.

062. 펜토미노를 이용한 놀이

정사각형으로 된 모형 5개를 변을 붙여 여러 형태의 모양을 만들 수 있다. 이런 모양들을 펜토메노라고 하는데 아래 그림과 같은 7가지 펜토메노를 생각하자 . 그리고 펜토메노를 만든 정사각형과 크기가 같은 64(8×8)개의 정사각형으로 이루어진 큰 정사각형 판을 준비했다. 두 사람이 차례로 이 판위에 펜토메노를 하나씩 맞추어 놓는다. 이와 같이 차례로 하여 남은 공간에 펜토메노를 옮겨 놓을 수 없게 되는 사람이 게임에서 지는 것으로 하고 이 놀이를 하여보자.

이 게임은 다양한 크기의 판에서 해보고 그때마다 이길 수 있는 방법을 궁리하여보는 것도 재미있는 일일 것이다.

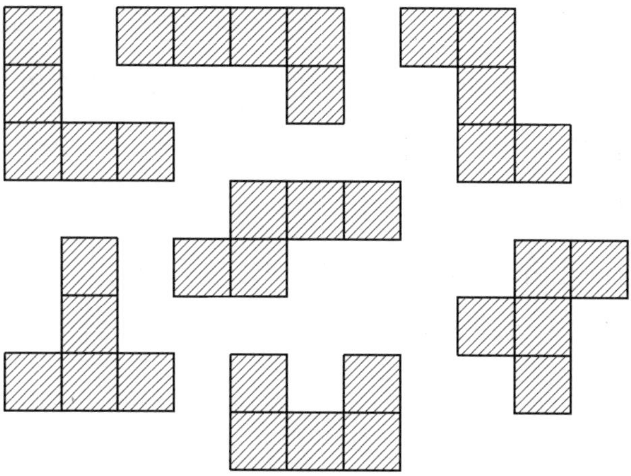

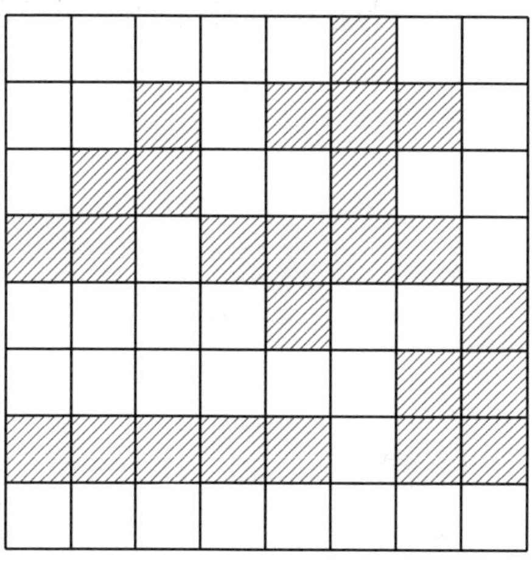

063. 소수로 된 집 번지수 맞추기

김 교수와 박 교수는 같은 마을의 같은 거리에 살고 있다. 그런데 두 사람의 집 번지수는 두 자리 수인 소수로 되어있다. 그리고 김 교수의 집 번지수는 박 교수의 집 번지수의 각 자릿수를 제곱하여 더한 수이다. 또한 김 교수는 두 사람의 나이가 그들이 살고 있는 집의 번지수보다 각각 10씩 적음을 발견하였다. 그렇다면 두 교수의 집 번지수는 무엇이며 그들의 나이는 얼마나 될는지 알아보자.

풀이

김 교수는 73번지에 살고 있고 박 교수는 83번지에 살고 있다. 또한 그들의 나이는 각각 63세와 73세이며 $73=8^2+3^2$ 임을 알 수 있다.

064. 지도 색칠하기

구 S^2 상의 모든 지도(map)는 길이가 0이 아닌 경계를 공유하며 서로 접하는 어떤 두 나라도 같은 색으로 칠하지 않는 방법으로 "4가지 색으로만 칠할 수 있는가?" (또는 이와 같은 방법으로 채색하기 위해 팰요한 가장 적은 색의 수) 하는 문제가 일찍이 제기 되었다(4색 문제 : four color problem).

젊은 수학자 **거스리**(Francis Guthrie : 1831-1899)는 1852년 10월 각 지방의 경계를 나타내는 경계선이 있는 영국의 지도를 색칠하였다. 이때 그는 공동 경계선을 갖는 어떤 두 영역도 같은 색으로 칠하지 않는 방법으로 모든 지도를 채색하는데 필요한 서로 다른 색의 최대 수는 4일 것이라고 예측했다. 그는 유니버시티 대학의 물리학과 학생이던 그의 형제인 **프레드릭**(Frederick)에게 이 문제를 알려주었고 프레드릭은 그의 수학 교수인 영국의 위대한 수학자 **드 모르간**(Augustus de Morgan : 1806-1871)에게 다시 이 문제를 알려주었다. 거스리와 같이, 드 모르간도 4가지 색이 적어도 필요하다는 것을 증명하는 데는 어려움이 없었다. 또한, 5개의 나라가 각각 4개의 나라와 동시에 접하면서 위치하는 것은 불가능함을 증명하였으며 지도를 색칠하는데 경계를 접하는 나라(영역)의 수만큼 다른 색이 필요한 것도 아님을 밝혀내었다.

아래 그림(지도)에서 A, B, C, D 의 4나라는 2가지 색이면 칠해진다. 또, B, C, D 경우는 3가지 색이 필요하다. 그러나 C, D, E, F 의 경우는 몇 가지 색이 필요한지 알아보자.

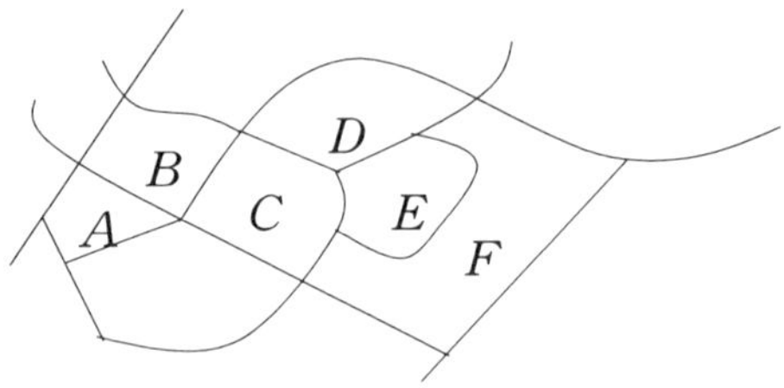

풀이

지도 색칠하기 문제는 대개 그래프 이론을 거쳐서 접근된다. 나라를 점으로 인접 국경을 선으로 바꾸면 위 그림을 다음과 같이 고쳐 나타낼 수 있다.

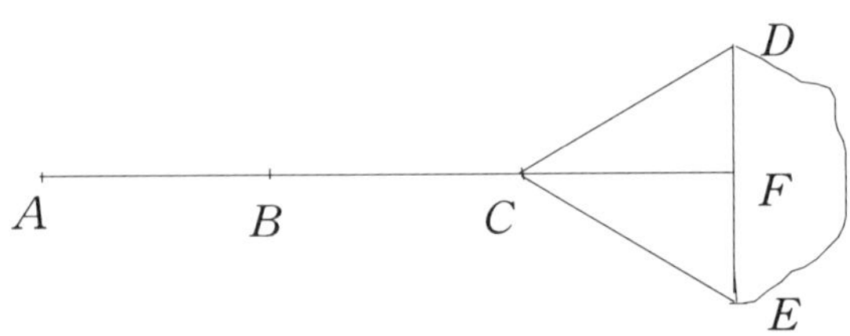

위 선형도형에서 점 A에 번호 1을 대응시키고 연속적으로 같은 수가 되지 않도록 하는 최소의 수를 찾으면 위 그림은 4가 된다. 즉 4가지 색이 필요한 것이다. 특히 이 수를 chromatic number라고도 한다.

065. 창문의 크기 줄이기

나이 든 부부가 시골에 별장을 지었다. 그런데 별장의 북쪽 창문이 정사각형 모양으로 너무 크게 만들어졌다고 생각한 노부부는 정사각형 모양은 유지하되 창문의 크기를 절반으로 줄여 달라고 목수에게 부탁했다. 목수는 생각 끝에 창문의 높이와 폭은 그대로 같게 하여 다시 시공해서 창문을 고쳐 달았다. 목수는 어떻게 설계하여 창문을 다시 만들었을까?

풀이

창문의 중앙을 잇는 마름모꼴의 창문을 만들면 된다.

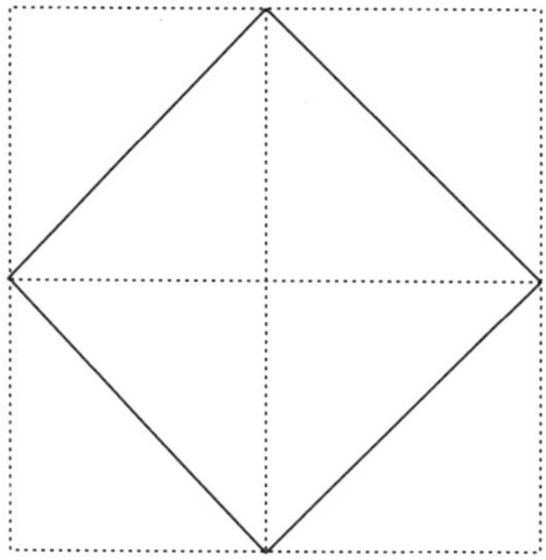

066. 벌이 날아다닌 거리

두 기차 A, B가 서로 200km 떨어져 있다. 두 기차가 서로를 향해 마주보고 시속 100km로 달린다. 이때 동시에 벌 한 마리가 A를 떠나 시속 150km로 B를 향해 날아가 B에 닿는 순간 다시 A를 향해 날아가고 또 A에 닿는 순간 B를 향해 날아간다. 그러면 마주 오는 기차가 충돌하여 벌이 그 사이에 끼어 죽을 때까지 벌이 날아다닌 거리는 얼마나 되는가 알아보자.

풀이

기차가 충돌할 때까지 달린 시간이 1시간이므로 벌도 1시간 동안 날아다녔기 때문에 벌이 날아다닌 거리는 150km이다.

067. 방 건너가기

아래 그림과 같이 8개의 방에 각 방을 통하는 출입구가 있다. 출입구를 한 번씩만 지나 모든 방을 거쳐 지나가고 싶은데 가능한 것인지? 아니면 불가능한 것인지? 가능하다면 어떻게 하면 될지 알아보자.

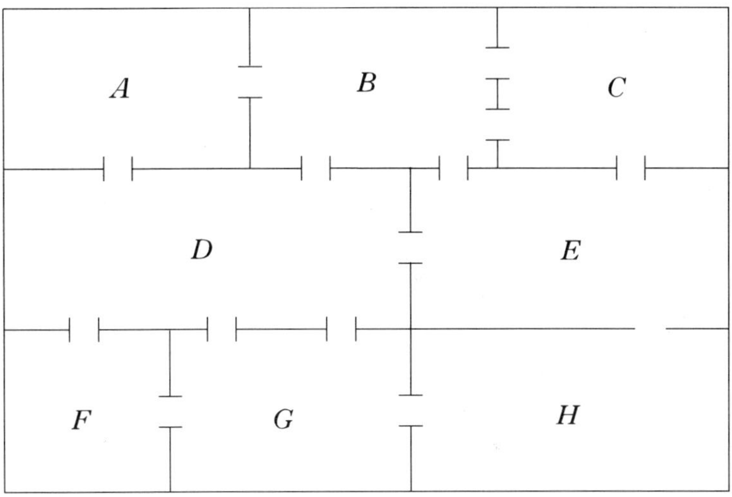

풀이

이 문제를 해결하기 위하여 각 방을 점으로 방과 방 사이의 문을 두 점을 잇는 선으로 나타내어 그림을 그려보자. 그러면

이 문제는 이 그림에서 연필을 떼지 않고 한번에 그리기가 가능한지를 묻는 문제가 되는 셈이다. B와 C를 제외한 모든 점은 짝수 개의 선과 접한다. 따라서 문제 해결을 위하여 B에서 시작하여 한번에 그리기를 하여 C에서 끝내던가 아니면 C에서 시작하여 B에서 끝나도록 그리면 된다. 아래 그림은 B에서 시작하여 C까지 한번에 그리기를 나타낸 것이다. 그러나 한번에 그리기가 같은 방에서 시작하여 같은 방에서 끝나는 방법은 존재하지 않는다.

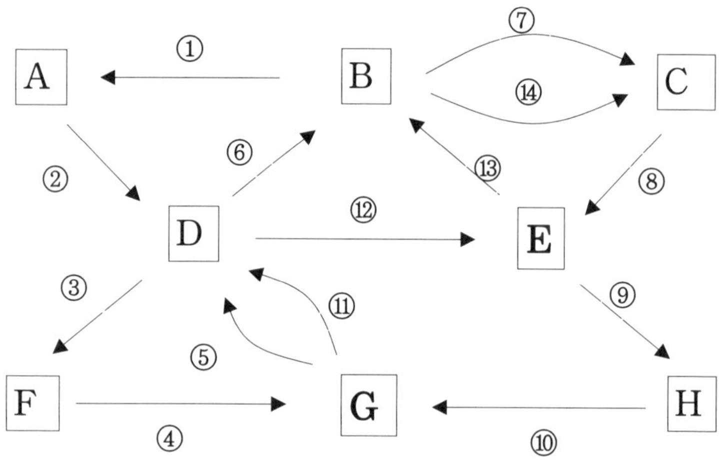

068. 원을 4개의 직선으로 나누기

평면에 주어진 원 위에 4개의 직선을 그려 원을 가장 많은 조각으로 나누려고 한다. 그러면 원을 몇 개의 조각으로 나눌 수 있을지 알아보자.

풀이

원은 11개 조각으로 나눌 수 있다. 평면도형에서 오일러의 정리 "$v-e+f=1$"를 이용하여 설명한다. 원을 4개의 직선으로 나누면 원 위에 8개의 점이 생기게 되고 4개의 현들이 만나서 생기는 교점은 최대로 ${}_4C_2=6$ 개이다. 도형의 면의 수가 최대가 되려면 꼭짓점(교점)의 수도 최대가 되어야 한다. 그러므로 $v=8+6=14$ 이다. 그리고 변은 원 위에 있는 꼭짓점에는 3개, 원 안의 직선들의 교점인 꼭짓점은 4개의 변이 모인다. 그러므로 변의 수는

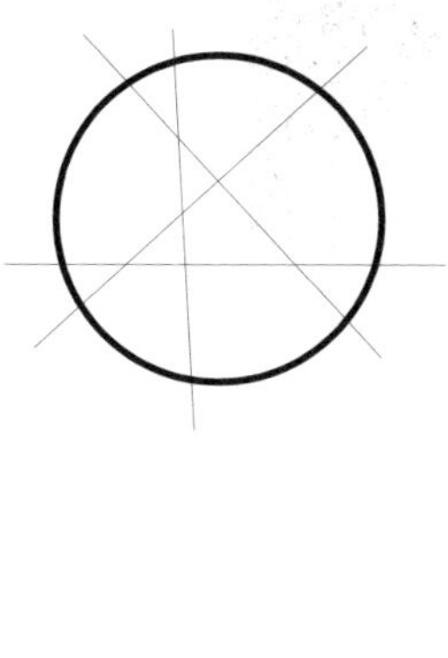

$$e=(8\times3+6\times4)/2=24$$

이다. 따라서 오일러의 정리를 이용하면 $14-24+f=1$ 이므로 $f=11$ 이 되어 원은 최대 11개의 면으로 나눌 수 있다.

069. 토지 분배

5명의 아들을 둔 노인이 정사각형 모양의 자신의 땅을 아들들에게 나누어 주기로 했다. 큰아들에게 그림과 같이 1/4의 토지를 주고 나머지 4명의 아들에게는 큰아들에게 주고 남은 토지를 꼭 같은 모양과 같은 크기로 나누어 주고자 했다. 남은 토지를 어떻게 분할하면 될지 알아보자.

풀이

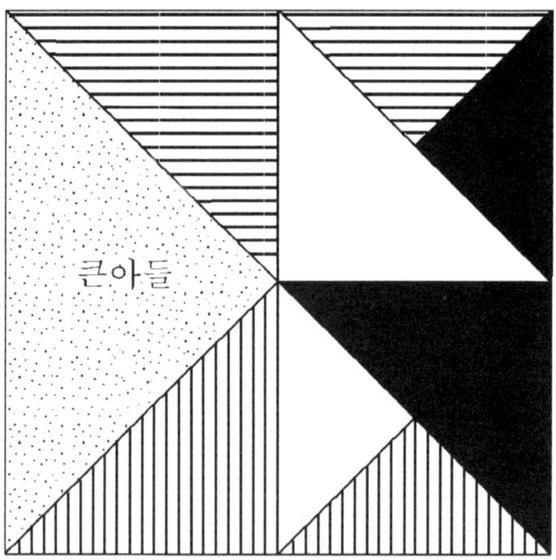

070. 테트라볼로에

같은 크기의 직각이등변 삼각형들의 변과 변들을 잇대어서 생기는 도형들을 테트라볼로에라 한다. 4개의 삼각형들은 빗변을 서로 맞대든가 또는 직각을 끼고 있는 변들끼리 맞대어질 수 있을 것이다. 다음 예와 같이 3개의 테트라볼로에를 참고하여 나머지 테트라볼로에를 찾아보아라. 테트라볼로에는 모두 몇개가 존재할까? 그리고 이 테트라볼로에들을 이용하여 다음과 같은 3개의 큰 정사각형을 맞추어보자.

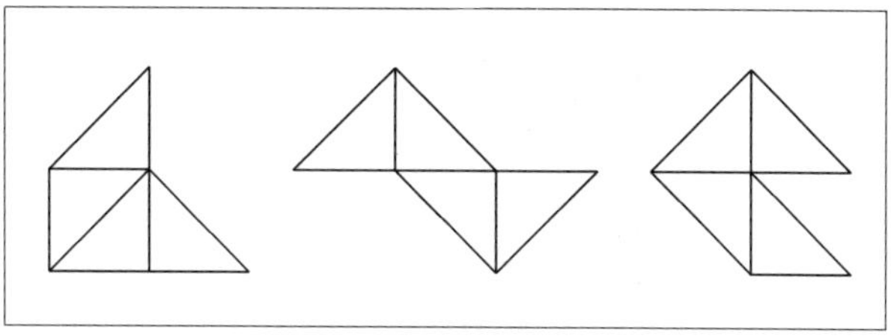

풀이

아래 그림과 같이 14가지의 테트라볼로에가 존재하고 이들을 이용하여 마름모와 정사각형을 채우는 방법을 보인다. 한편 테트라볼로에를 이용하여 다양한 모양의 도형을 만들 수 있을 것이다. 또한 이 테트라볼로에를 이용하여 만들 수 있는 정사각형의 종류와 크기를 알아보는 것도 흥미로운 일일 것이다. 특히 이 14가지의 테트라볼로에를 모두 사용하여 만들 수 있는 정사각형은 존재하지 않는다.

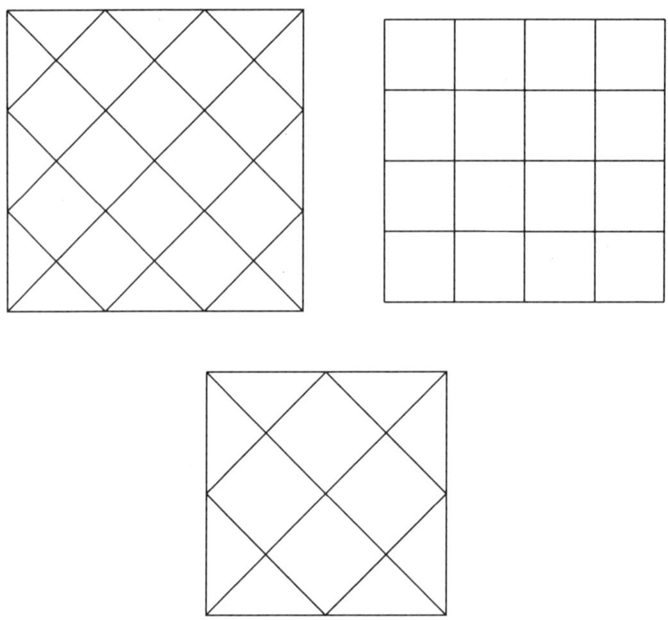

※ 14가지 테트라볼로에

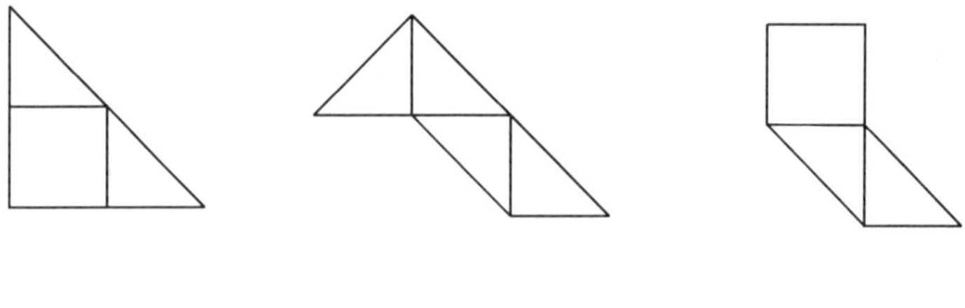

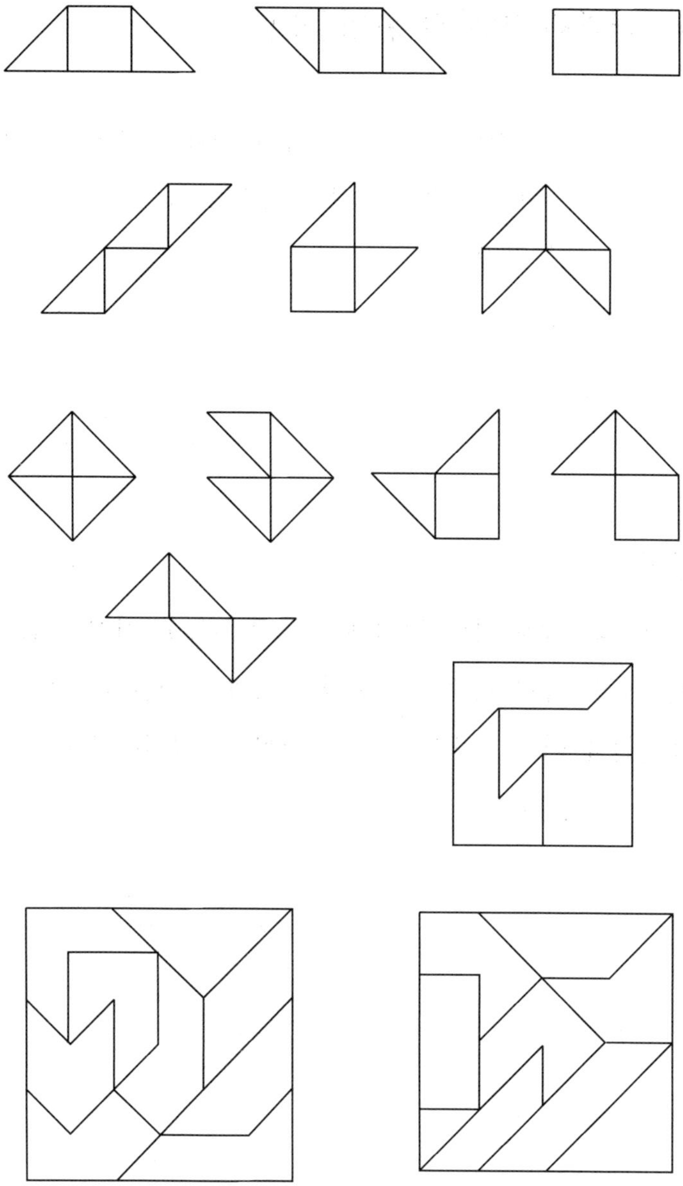

071. 커다란 정사각형 만들기

동일한 크기의 정사각형 카드 5개가 있다. 이들을 단 한 번 칼로 잘라서 잘라진 조각들을 다시 맞추어 하나의 큰 정사각형을 만들 수 있는지 알아보자.

풀이

5개의 정사각형 카드 중 4개를 포개어 놓고 아래 그림과 같이 한 꼭짓점에서 마주보는 변의 중앙까지 자른다. 그러고 나서 조각들을 아래 그림과 같이 배열한다. 그러면 원하는 커다란 정사각형을 만들 수 있다.

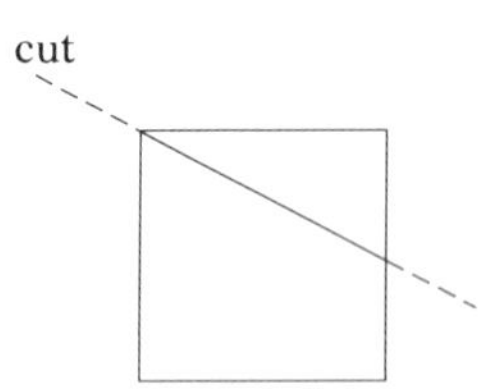

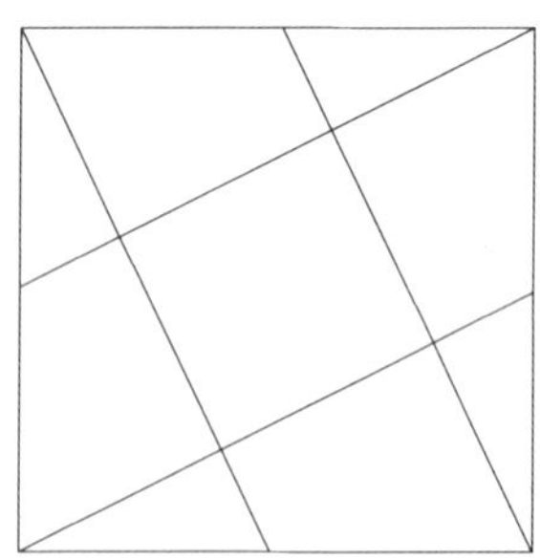

072. 아리스토텔레스의 바퀴

『같은 중심을 갖는 두 원이 고정 되어있다. 큰 원이 직선을 따라 한 바퀴 돌아 A에서 B까지 굴렀다고 하면 이때 큰 원 안에 있는 작은 원도 큰 원과 같이 굴러 한 바퀴 돌게 된다. 그러면 큰 원이 한 번 굴러 생긴 선분 AB와 동시에 작은 원이 굴러 생긴 선분 CD의 길이는 같다. 그러므로 큰 원과 작은 원의 원둘레의 길이는 같다.』

이것을 아리스토텔레스의 역설이라고 하는데 이 논리가 참이면 "모든 원의 원둘레 길이는 같다." 또는 "모든 원의 반지름의 길이는 같다."는 새로운 이론이 생기게 된다. 이는 분명히 추론과정에 문제가 있는 것이다. 이와 같이 잘 알려진 진리에 반대되는 이야기나 진리에 반대되는 듯 하지만 잘 생각해 보면 진리가 되는 이야기를 역설이라 한다.

073. 맥주 캔 나누어 갖기

중간고사 시험이 끝난 날 저녁 민근이는 2명의 친구들과 술 한잔 나누어 먹기로 했다. 술을 먹기 위해 세 사람은 각자 8캔씩 맥주를 가지고 모였다. 즐겁게 맥주를 마신 뒤 남은 맥주를 확인하였더니 따지 않은 맥주캔이 7개, 먹다 남은 맥주캔이 7개, 그리고 다 먹은 맥주캔이 10개가 되었다. 먹다 남은 맥주캔은 맥주가 절반 남은 것으로 간주하고 남은 맥주를 다른 캔에 따르지 않는 방법으로 하여 각자 캔을 8개씩 가져가되 같은 양의 맥주를 가져가기로 했다. 어떻게 하면 될지 알아보자.

풀이

따지 않은 맥주캔을 A, 먹다 남은 맥주캔을 B, 다 먹은 맥주캔을 C라고 하자. 그러면 다음과 같이 나누어 가져갈 수 있다.

방법 1 : A, A, A, B, C, C, C, C
: A, A, B, B, B, C, C, C
: A, A, B, B, B, C, C, C

방법 2 : A, A, A, B, C, C, C, C
: A, A, A, B, C, C, C, C
: A, B, B, B, B, B, C, C

074. 성냥개비를 이용한 넓이 계산

12개의 성냥개비를 이용하여 다음과 같은 다각형을 만들었다. 만일 성냥개비의 길이가 1cm라 하면 다각형의 넓이는 5cm^{2}이 된다. 이 12개의 성냥개비로 넓이가 $5cm^2$ 가 되는 다른 다각형을 더 만들 수 있다. 그렇다면 더 만들 수 있는 다각형을 찾아보자. 그리고 이 12개의 성냥개비를 이용하여 면적이 $3cm^2$ 인 다각형을 만들어 보자. 여러 가지 방법이 있을 것이다.

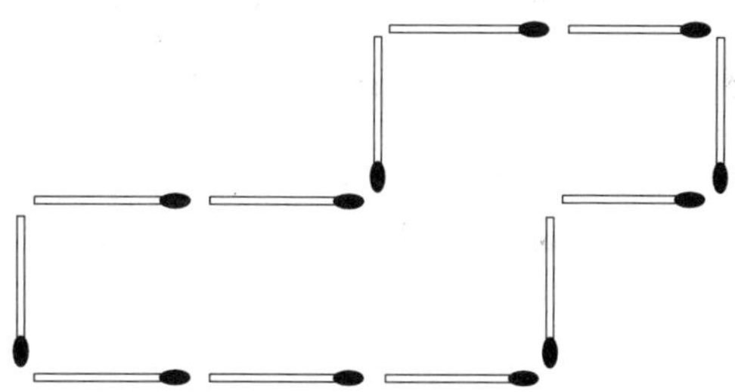

풀이

문제 해결을 위하여 직사각형이 아닌 도형을 생각해보자. 그리고 직각이 아닌 일반각을 생각하면 무한히 많은 문제의 해답이 나올 수 있다. 아래에 세 가지 답을 제시하였는데 실제 더 많은 해답이 있으니 나머지를 찾아본다.

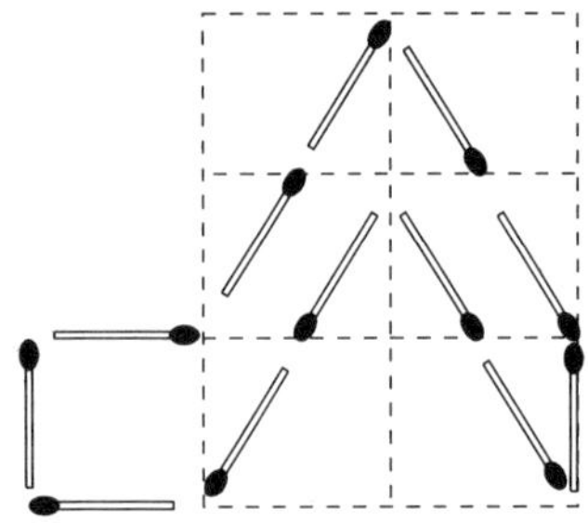

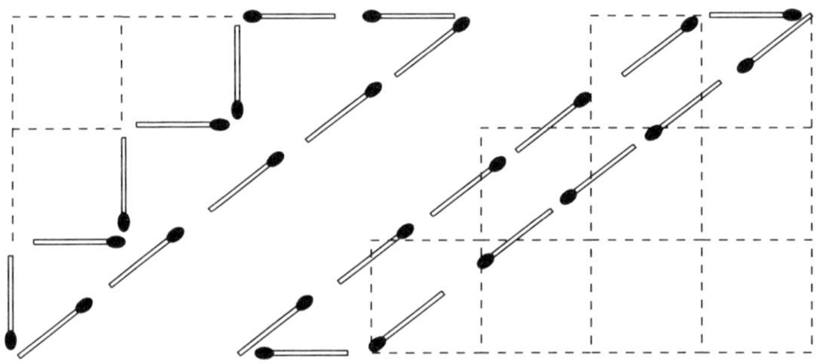

075. 지구의 둘레는 얼마나 될까?

우리가 살고 있는 지구 둘레의 길이와 지상에서 1m 높게 하여 지구를 한 바퀴 돌린 줄의 길이의 차이는 얼마나 되는지 알아보자.

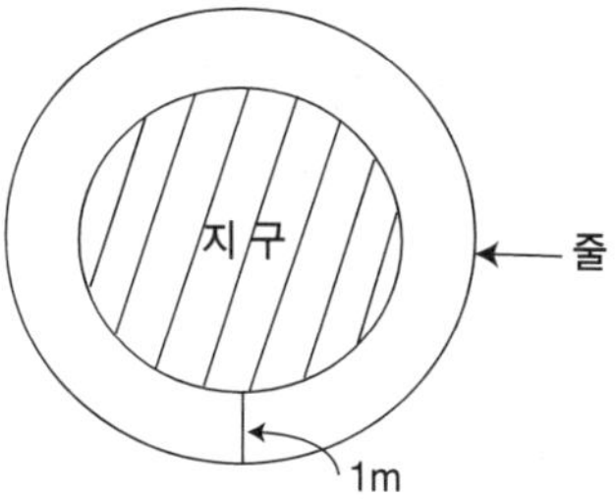

풀이

즉흥적으로 생각하면 1m 높여서 지구를 한 바퀴 돌린 줄의 길이가 지구 둘레의 길이보다 훨씬 길다고 생각되어진다. 그러나 실제는 그렇지 않다. 지구의 반지름을 r 이라 하면 1m 높혀 돌린 줄의 반지름은 $r+1$ 이다. 그러면

$$\text{지구둘레의 길이} = 2\pi r, \quad \text{줄의 길이} = 2\pi(r+1)$$

이고 그 차이는

$$\begin{aligned}\text{줄의 길이} - \text{지구둘레의 길이} &= 2\pi(r+1) - 2\pi r \\ &= 2\pi \fallingdotseq 2 \times 3.14 = 6.28\text{m}\end{aligned}$$

이다.

076. 다각형에서 내각의 크기의 합

특별한 사실에 기초하여 일반화된 결론을 이끌어보자(귀납법). 다각형은 닫힌 평면도형으로 삼각형, 사각형, 오각형, 육각형 등이 있다. 이 다각형의 내각의 크기의 합은 얼마나 되는지 알아보자.

풀이

예를 들어 아래 그림과 같이 다각형으로 사각형이 주어져 있다. 그러면 이 다각형의 내각의 합은 이 다각형을 실제 삼각형들로 나누어 구할 수 있다. 다각형을 나눈 삼각형의 개수를 구하고 그 개수에 삼각형의 내각의 합이 180도를 곱하면 다각형의 내각의 합이 구해진다. 그리고 이의 일반화로 n각형인 다각형의 내각의 합을 표에서 구한다.

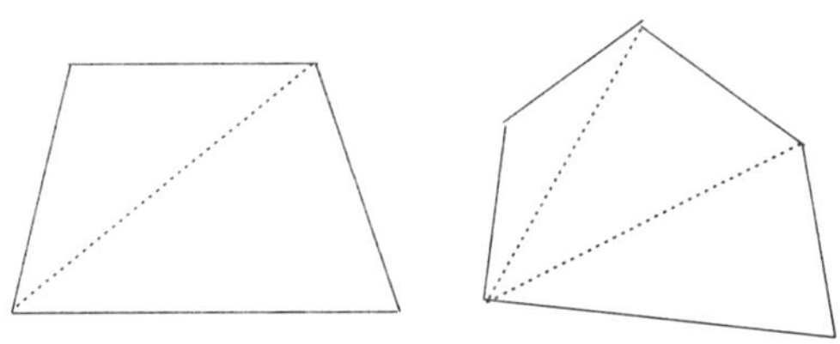

다각형	다각형내에 포함되는 삼각형 수	다각형의 내각의 합
3각형	(3−2)=1	180도X1=180도
4각형	(4−2)=2	180도X2=360도
5가형	(5−3)=3	180도X3=540도
6각형	(6−2)=4	180도X4=720도
n각형	(n−2)	180X(n−2)도

077. 건널 수 없는 강의 폭을 재어보자.

김 박사는 아들과 함께 강변의 도로를 산책하였다. 산책 도중에 강 건너편에 큰 나무가 서있는 것을 보고 아들에게 강의 폭이 얼마나 되는지 알아보라고 말했다. 아들은 측정 기구가 없어서 강 건너 나무까지의 거리를 알기는 어렵다고 했다. 그래서 김 박사는 아들에게 보폭을 이용하여 강의 폭을 재는 방법을 가르쳐 주었다. 어떻게 하면 강폭을 잴 수 있을지 알아보자.

풀이

아들은 강 건너편의 나무 T를 정면으로 바라볼 수 있는 지점인 A에서 강변을 따라 걷는다.

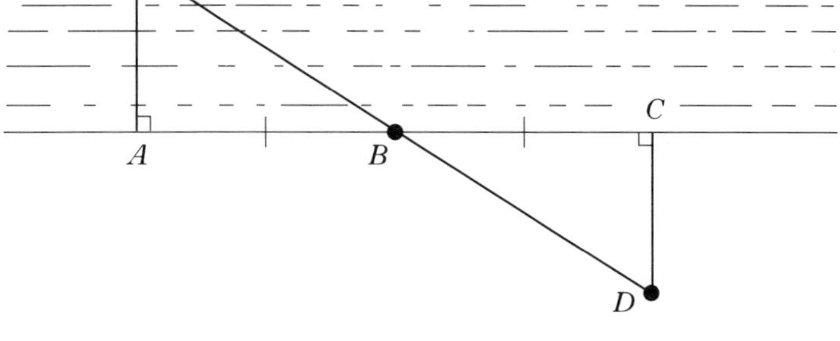

발걸음을 세면서 B지점까지 걸은 다음 그 지점에 김 박사가 서 있도록 한다. 그러고 나서 A지점에서 B지점까지의 걸음 수와 같게 B지점에서 C지점까지 걷는다. C지점을 표시해두고 강의 반대쪽으로 걸어가면서 B지점의 김 박사와 강 건너 나무 T가 일직선으로 보이는 지점까지 걸어와 멈추고 D로 표시했다. 그러면 삼각형 TAB와 삼각형 DCB는 합동이 되어 C에서 D까지의 거리는 A에서 강 건너 나무 T까지의 거리와 같게 되는 것이다.

078. 지구와 다른 공간

지구 위에 살고 있는 우리는 닭이나 강아지 들을 구해오면 이들이 도망가지 못하도록 울타리를 치고 그 안에 가두어 둔다. 우리는 울타리를 쳐서 짐승을 그 안에 두면 그 짐승이 도망가지 못한다는 것을 잘 알고 있다. 이는 지구 표면이 구면과 같아 죠르단곡선정리의 성질을 갖기 때문이며 만일 지구가 아닌 다른 공간에서는 울타리를 치더라도 짐승들이 달아날 수 있을 것이다.

예를 들면 공위에 단일폐곡선(울타리)을 그리고 짐승을 넣어둔다면 짐승은 단일폐곡선 밖으로 나올 수 없다. 그러나 토러스(torus-자동차 바퀴의 튜부모양)의 경우 단일폐곡선(울타리)을 어떻게 그리느냐에 따라 짐승이 달아나지 않도록 가둘 수 있기도 하고 짐승이 달아날 수도 있다.

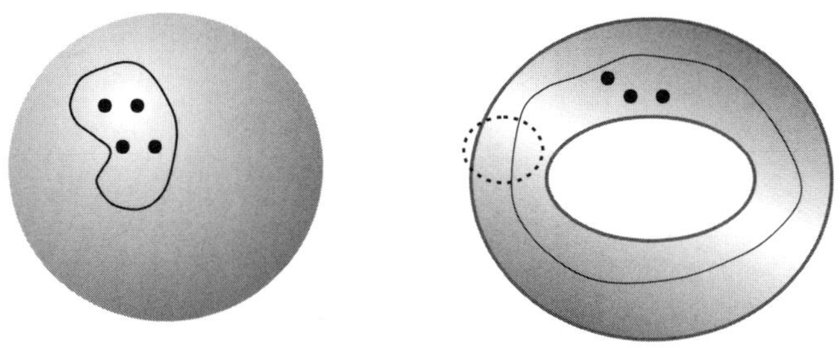

079. 신문지 잘라 포개어 쌓기

신문지 1장을 준비하여 반으로 자른 다음 이를 포개어 놓는다. 다시 포개 놓은 신문지를 또 반으로 자른 다음 포개어 놓는다. 이와 같이 신문지 자르기를 계속하여 40번 시행하면 포개진 종이의 높이는 얼마나 되는지 알아보자.

풀이

신문지의 두께를 편의상 0.01cm라고 가정하자. 그러면 40번을 잘라 신문지를 쌓아놓으면 신문지의 장수는 2^{40} 장이 된다. 신문지 1장의 두께가 0.01cm이니까 잘라 쌓아놓은 신문지의 높이는 0.01×2^{40} cm이다. 이때 2^{40} 은 약 1.1×10^{12} 이므로 실제 신문지의 높이는

$$0.01\times1.1\times10^{12}\ \text{cm} = 1.1\times10^{8}\ \text{m} = 110{,}000\text{km}$$

이다.

080. 대칭이 되는 숫자

영어 단어에는 알파벳이 앞에서 읽으나 뒤에서부터 읽으나 같은 경우가 많다. 예를 들면 dad, madam 등이다. 숫자에도 대칭이 되는 숫자가 많이 있다. 예를 들면 12,321 545 등이다. 임의의 숫자를 택하고 이 숫자를 이용하여 대칭인 수를 찾아보자.

풀이

지금 한 숫자가 주어져 있다. 이 숫자에 그 숫자의 역순인 숫자를 더한다. 덧셈을 한 결과가 나오면 이 새로운 숫자와 이 숫자의 역순인 숫자를 다시 더한다. 이러한 덧셈 과정을 계속 하다보면 대칭이 되는 숫자가 나오게 된다. 예를 들어보자.

숫자 1375가 주어졌다고 하자. 이 숫자에 이 숫자의 역수 5731을 더한다. 그 결과 7106이 나오는데 다시 이 숫자에 이의 역수인 6017을 더한다. 대칭이 되는 수가 나올 때까지 이 과정을 계속한다. 즉

$$1375+5731 \Rightarrow 7106+6017 \Rightarrow 13123+32131 = 45254$$

081. 말판 놓기

다음 그림과 같은 말판이 있다. 두 사람이 서로 다른 색의 말을 4개씩 갖고 한 번씩 교대로 말을 원 위에 놓는다. 이와 같이 하여 먼저 한 직선상에 3개의 같은 색의 말을 놓는 사람이 이기는 것이다. 어떻게 말을 놓아야 이기게 될까?

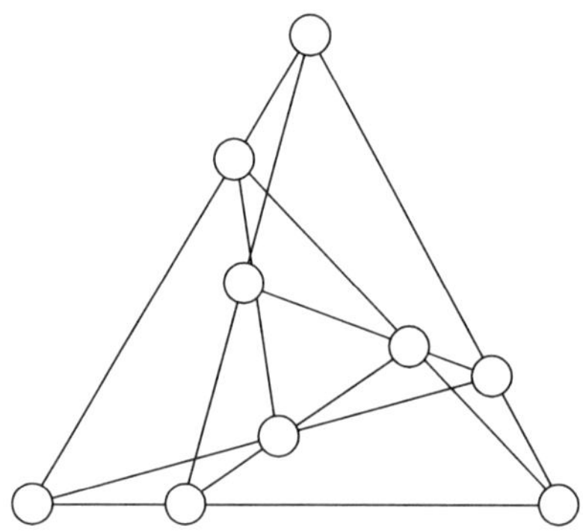

풀이

글래스고우에 있는 토마스 오브라이언이 만든 문제로 이 문제는 1962년 1월 11일 발간된 "새로운 과학자(new scientist)라는 잡지에 게재되었고 어떻게 하면 이 게임을 이기는 지에 대하여 논의되었다. 결론은 먼저 시작하는 사람이 첫 번째 말을 밖의 큰 삼각형의 내부에 있는 원에 놓고 시작하면 언제든지 먼저 시작하는 사람이 이긴다.

082. 왜! 정5각형의 한 내각의 크기는 108도 인가?

정5각형의 한 내각의 크기가 180도임을 알아보자.

풀이

정5각형의 중심에서 각 꼭짓점으로 선을 이으면 다섯 개의 합동인(꼭 같은) 2등변삼각형이 생긴다. 이때 정5각형의

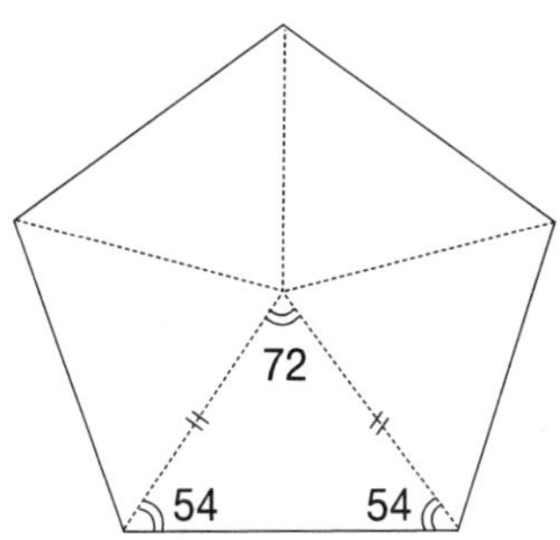

중심에서 360도를 5등분 한 결과가 되므로 2등변삼각형의 중심에 놓인 꼭지각은 72도이다. 그러므로 2등변삼각형의 나머지 두각은 각각 54도씩이다. 따라서 정5각형의 한 내각의 크기는 108도이다.

083. 배달부의 혼동

명절을 맞이하여 A는 적색 포도주 2병을, B는 백색 포도주 2병을, C는 적색 포도주 1병과 백색 포도주 1병을 주문하였다. 그런데 배달부가 이 상품을 배달하려고 각 병을 작은 상자에 담아 포장하고 다시 발송을 위한 조금 큰 발송용 상자에 이들을 담아 포장을 하였다. 그러나 배달부는 주소를 붙이는 과정에 잘못하여 세 사람의 주소를 모두 다르게 붙였다. 이 상품을 제대로 보내기 위하여 배달부는 발송용 상자와 술병을 담은 작은 상자들을 몇 개나 풀어보아야 할까?

풀이

배달부는 하나의 발송상자를 열고 그 안에 있는 포도주 병을 포장한 상자를 열어 포도주 색을 확인하면 된다. 만일 C의 이름이 쓰인 발송상자를 열고 다시 그 안의 포도주를 포장한 상자를 열어 포도주의 색을 확인한 결과 적색이었다면 이 상자는 A에게 보낼 상자가 된다. 그 이유는 C의 이름이 붙은 상자는 A나 B의 이름이 붙어야 하는데 원래 B는 백색의 포도주를 모두 구했기 때문에 A에게 보내야할 상자이기 때문이다. 그러면 모든 상자의 주소가 잘못 되었기 때문에 A의 주소가 붙어있는 상자는 B에게 보낼 상자가 되며 B의 주소가 붙어있던 상자는 C에게 배달될 상자가 된다. 또한 파란색 포도주가 나올 경우도 같은 방법으로 알 수 있다.

084. 동전 이동

동전을 왼쪽 그림과 같이 늘어놓았다. 동전을 1개씩 세 번 이동하여 오른쪽 그림과 같이 역으로 나열하여 보자. 어떤 동전을 어떻게 이동하면 될까? 각자 알아보자.

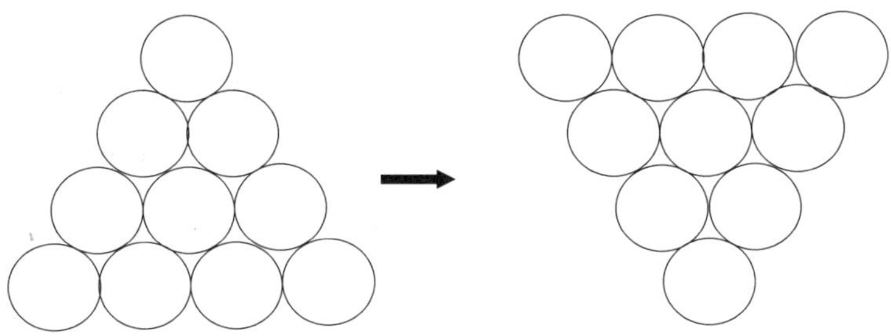

풀이

왼쪽 그림의 맨 위에 있는 동전을 맨 아래 중앙으로 이동하여 둔다. 그 다음에 왼쪽 그림의 맨 아래 양쪽에 있는 동전 2개를 각각 두 번째 줄의 양쪽에 두면 된다.

085. 짐을 지고 있는 노새와 나귀

노새 한 마리와 당나귀 한 마리가 등에 쌀자루를 짊어지고 나란히 걸어가고 있다. 길을 가는 도중에 노새는 당나귀에게 다음과 같이 말하였다. "야! 만약 네가 지고 있는 자루 하나를 나에게 주면 나는 네가 지고 가는 자루보다 2배를 지고가게 되고, 만약 내가 지고 있는 자루를 너에게 하나 주면 우리는 서로 같은 수의 자루를 지고가게 되는 거다" 그렇다면 노새와 당나귀는 각각 얼마나 많은 쌀자루를 지고 가는 것일까? [이 이야기는 AD300년 경 유클리드가 만든 수수께끼 중 하나라고 한다.]

풀이

노새는 7자루의 쌀을 지고가고 당나귀는 5자루의 쌀을 지고 간다. 왜냐하면 다음과 같이 해결하면 답을 구할 수 있다. 노새가 지고 있는 자루의 수를 x 라 하고 당나귀가 지고 있는 자루의 수를 y라고 하면 다음과 같은 식이 성립한다.

$$x+1=2(y+1) \quad ①$$

$$x-1=y+1 \qquad ②$$

식 ②를 x에 관해 정리하면 $x=y+2$가 되는데 이 x를 식 ①에 대입하자. 그러면 식 ①은

$$(y+2)+1=2(y+1)$$

이 되고 이를 y에 대하여 정리하면 $y=5$가 된다. 그리고 이 y 값을 다시 식 ①과 ② 중 하나에 대입한다. 식 ②에 대입하자. 그러면 $x=7$이 된다. 즉 노새는 7자루, 당나귀는 5자루의 쌀을 지고 있다.

086. 두 비행기 사이의 거리

두 대의 비행기가 10km의 거리를 둔 공항에 각각 대기하고 있다. 두 비행기는 같은 시간 에 출발하여 같은 속도로, 같은 방향으로, 2시간 동안 비행을 하였다. 그런데 두 비행기 사이의 거리는 수백 km로 벌어졌다. 어떻게 이러한 일이 생길 수 있는지 생각해보자.

풀이

두 비행기가 지구의 북극에 가까운 지점의 공항에 있다가 남쪽을 향하여 비행을 하면 두 비행기 사이의 거리는 점점 더 벌어져 적도 근처에 도달할 경우 최대로 비행기의 거리가 벌어질 것이다. 지구와 모양이 같은 공을 가지고 설명할 수 있다.

087. 모눈종이의 면적

가로, 세로 각 8인 모눈종이가 있다. 다음 그림과 같이 이 모눈종이를 A, B, C 세 개의 조각으로 잘라내었다. 가장 작은 조각 C를 옮겨서 A의 오른쪽 아래 끝에 붙이자. 그리고 B를 끌어 내려서 아래 오른쪽 그림처럼 직사각형을 만든다. 그러면 원래 정사각형의 면적은 8×8=64이지만 오른쪽 새로 만든 직사각형은 면적이 9×7=63이 된다. 이는 면적이 1만큼 줄어드는 결과가 되었는데 어떻게 된 일인지 알아보자.

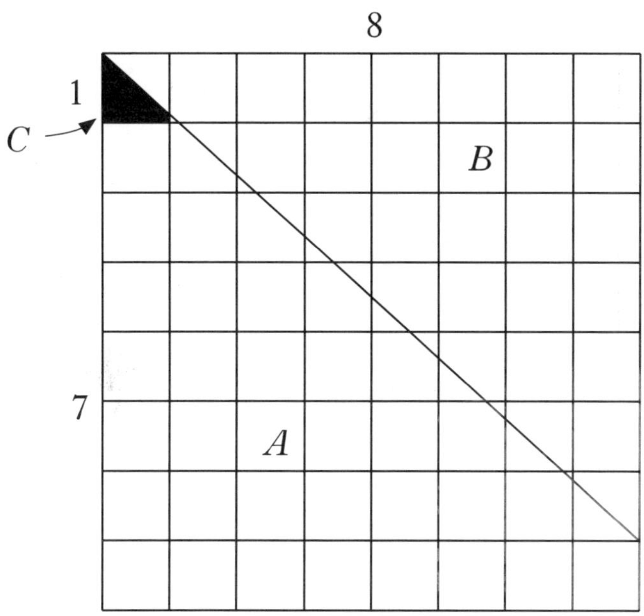

풀이

이 이야기의 모순은 새로 만들어진 사각형의 가로의 길이가 9라고 생각하는데 있다. 실제로 삼각형 C는 이등변삼각형이 아니고 높이는 1이지만 빗변이 45도의 각도를 갖고 있지 않다. 즉 이 삼각형 C의 밑변의 길이는 8/7이 된다. 따라서 새로 만든 사각형의 가로 길이는 64/7이고 따라서 면적은 변함없이 64이다.

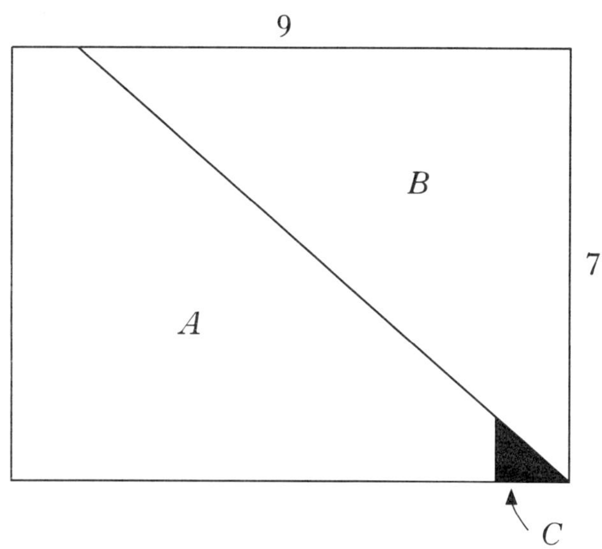

088. 농부의 강 건너기

어느 농부가 염소, 늑대, 배추를 가지고 배를 타고 강을 건너야 한다. 농부는 배에 자기 자신과 염소, 늑대 또는 배추 중에서 한 가지를 가지고 탈 수 있다. 그런데 배추를 싣고 가면 늑대는 염소를 잡아먹는다. 또 늑대를 싣고 가면 염소가 배추를 먹어치운다. 다만 사람이 같이 있을 때에는 서로 안전하다. 어떻게 농부는 모든 것을 가지고 안전하게 강을 건널 수 있을까?

풀이

처음에 염소를 태우고 건넌다. 그 다음 돌아와서 늑대를 태우고 강을 건너가서 늑대를 두고 염소를 태우고 돌아온다. 그리고 염소를 두고 배추를 싣고 다시 강을 건너간다. 늑대와 배추를 두고 강을 건너와서 염소를 다시 태우고 강을 건너간다.

089. 트랙(Track)의 넓이

중심이 같은 두 개의 원으로 이루어진 임의의 원형 트랙이 있다. 이때 트랙의 면적은 큰 원의 현이면서 작은 원의 접선이 되는 직경을 갖는 원의 면적과 같다. 이를 알아보자.

풀이

위의 사실을 설명하여 보자.
트랙의 면적은 $\pi R^2 - \pi r^2$ 이다.
그리고 현의길이는
$2\sqrt{(R^2-r^2)}$ 이다. 그리고
이것을 지름으로 하는 원의
넓이는 반지름이
$\sqrt{(R^2-r^2)}$ 이므로

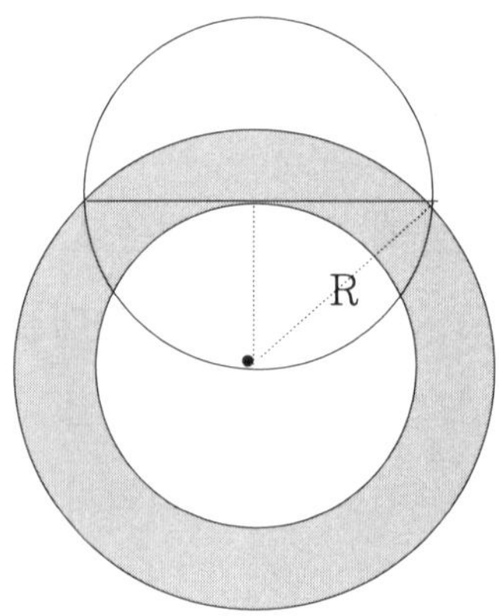

$$\pi(\sqrt{(R^2-r^2)})^2 = \pi(R^2-r^2) = \pi R^2 - \pi r^2$$

이다.

090. 빈칸에 들어갈 숫자는 무엇일까?

아래 그림의 빈 칸에 들어갈 숫자는 무엇인가?

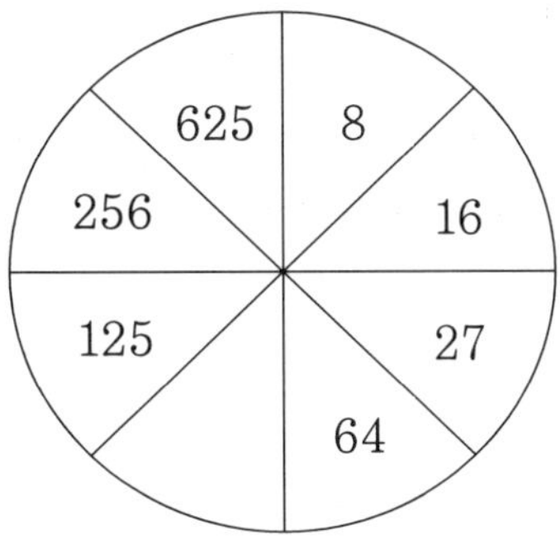

풀이

원판 안의 각 수는 원점을 중심으로 마주보는 칸의 수와 관계가 있다. 원판을 좌우로 분리하여 보자. 각 수를 모두 제곱수로 고치면 각각의 밑수와 지수가 마주보는 칸의 제곱수의 밑수와 지수를 비교하면 1씩 차이가 나고 있음을 알게 된다. 따라서 빈칸은 3^4 이다.

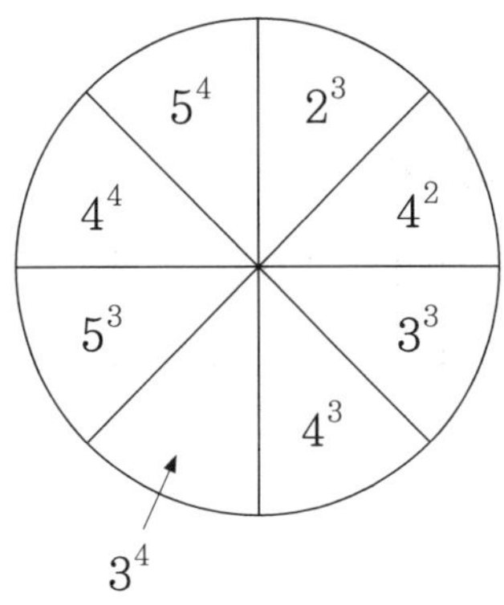

091. 네 가지 조각그림 맞추기

정사각형을 대각선으로 자른 모양의 이등변삼각형 4개를 가지고 변과 변을 맞추어 다음과 같은 4가지 종류의 조각그림을 만들었다. 이 4가지 조각그림을 모두 적당히 모아 맞추면 처음 모양과 같으면서 크기만 더 커진 모양을 만들 수 있음을 확인하여 보자.

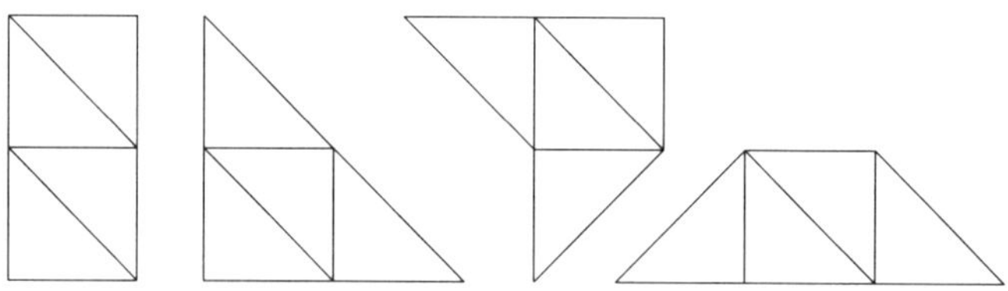

풀이

주어진 4가지 조각그림을 모두 사용하여 자신의 모양과 같으면서 더 커진 모양을 만들면 다음과 같다.

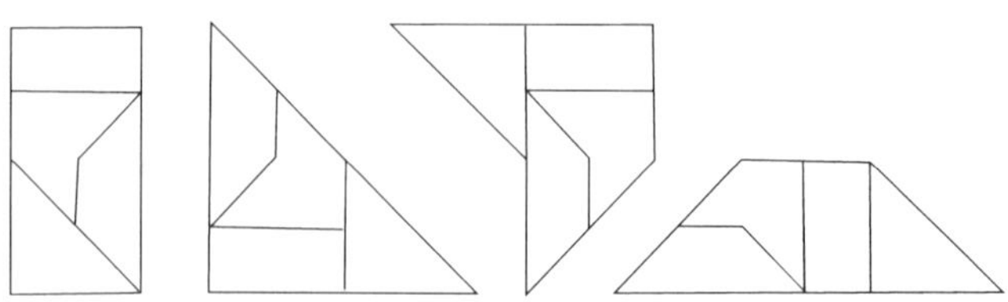

092. 꿀벌은 모두 몇 마리일까?

벌통 주변에 한 떼의 꿀벌들이 있다. 전체 꿀벌들의 8/9은 벌통 속에 있고 또 꿀벌들 전체 중 절반의 제곱근 만큼에 해당하는 벌들이 꿀을 따기 위하여 주변의 꽃을 찾아 날아갔다. 또 한 마리의 수벌이 인근 연못의 연꽃 속에서 꽃향기에 취해 꿀을 따고 있는데 한 마리의 암벌이 찾아와 지금까지 연꽃 속에 같이 있다. 이 벌통 주변의 벌들은 모두 몇 마리나 되는지 알아보자.

풀이

꿀벌의 전체 수를 x라 하자. 그러면 다음과 같은 식을 세울 수 있다. 즉

$$x-\sqrt{\frac{x}{2}}-\frac{8x}{9}=2$$

그러면

$$\frac{x}{9}-2=\sqrt{\frac{x}{2}}$$

이고 양변을 제곱하여 간단히 정리하면

$$2x^2-153x+648=0$$

이고

$$(x-72)(2x-9)=0$$

이다. 따라서 x가 벌의 수이므로 $x=72$가 되어 꿀벌의 수는 72마리이다.

093. 달리는 기차에서의 운동

민근이는 시속 100km 이상으로 달리는 기차를 타고 여행 중이다. 민근이는 기차 안에 있는 화장실에 다녀오다가 통로에서 호기심이 발동하였다. 그래서 통로의 한 곳에서 위로 뛰어올랐다 내려왔다. 그러면 민근이는 처음 서 있던 곳에서 기차가 진행하는 방향이나 반대방향으로 움직여 내려 서있게 될까? 궁금하다. 어떻게 되었을까?

풀이

처음 서 있던 곳과 변화가 없다.

094. 캐롤의 미로

최초로 알려진 미로는 크레타 섬에 세워진 감옥이다. 그러면 미로는 수학적으로 어떠한 성질과 의미가 있을까 생각해보자. 미로는 그 자체로 수학자들에게 오랫동안 관심의 대상이었으며 위상수학적 구조를 연구하는데 이용하였다. 미로는 역사적으로 인류 사회에서 악령을 물리치고 신앙적으로 그 어떤 힘을 얻기 위해 쓰였다.

영국의 수학자이며 논리학자인 **다지슨**(C. L. Dodgson, 1832-1898)은 **루이스 캐롤**(Lewis Carroll)이라는 그의 필명과 이상한 나라의 앨리스와 투명 유리 속의 앨리스의 저자로 더 잘 알려져 있다. 아래 그림은 캐롤이 20세 때 그린 미로로 중앙에서 밖으로 나오는 길을 찾아보자.

풀이

095. 삼각조형물 맞추기

같은 크기의 정삼각형 모형 6개를 변을 맞추어 만든 삼각조형물을 모두 만들어 보자. 그리고 아래 그림과 같은 두 가지 모형위에 이들 조형물을 덧씌워 빈틈없이 채울 수 있는 방법은 몇 가지나 되는지 알아보자. 첫 번째 그림을 덧씌울 때는 모든 삼각조형물이 필요하고 두 번째 그림을 덧씌울 때는 9가지만 필요하다.

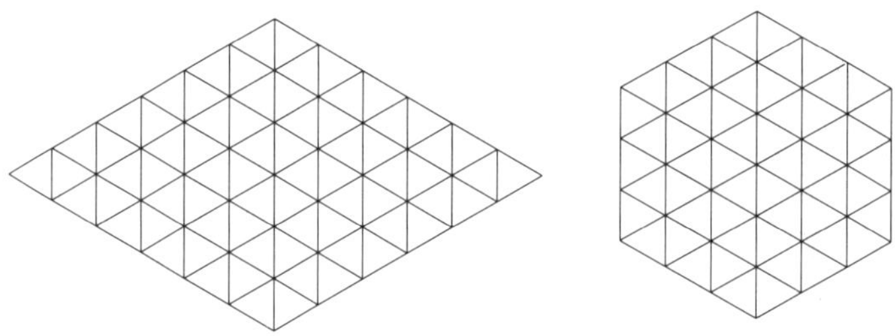

풀이

정삼각형 모형 6개로 만들 수 있는 삼각조형물은 모두 12가지가 있다. 이 12가지 삼각조형물을 이용하여 각 그림을 덧씌워 채워보자. 첫 번째 그림은 72개의 삼각형 모형으로 되어있고 12가지 삼각조형물로 덧씌우는 방법은 여러 가지가 있다.

또한 두 번째 그림은 54개의 삼각형 모형으로 되어 있어 9개의 삼각조형물이 필요하다. ③, ⑤, ⑪번의 삼각조형물들을 제외한 나머지 조형물로 채운 것이다. 그리고 ⑥과 ⑩번의 조형물을 사용하지 않고는 두 번째 그림을 채울 수 없음도 알 수 있다.

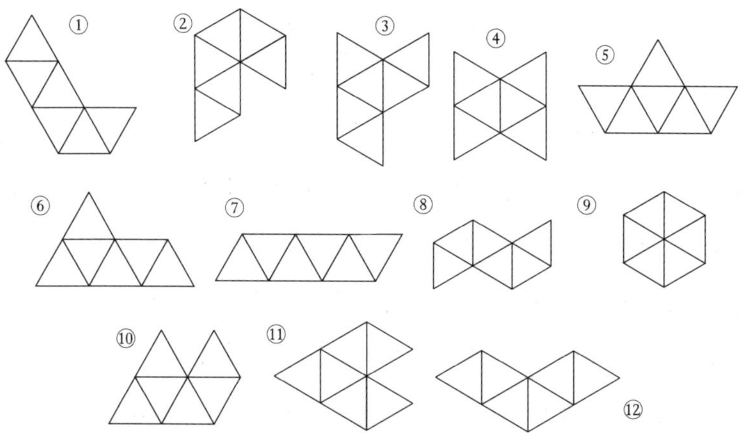

096. 마술 상자

이상한 모습의 마술사가 관객들 앞에 7개의 똑같은 상자들을 일렬로 늘어놓았다.

각 상자 안에는 색칠된 공들이 몇 개씩 들어있다. 마술사는 관객 한 명을 불러내어 1에서 24까지의 자연수 중에서 하나의 수 n을 택하도록 하였다. 그러면 마술사는 n개의 공이 들어있는 상자 하나를 선택하거나 상자들 안에 들어있는 공을 합해 공의 수가 n개가 되도록 몇 개의 이웃한 상자들을 선택하였다.

마술사가 선택할 수 있는 이웃한 상자는 최대 5개까지 필요하다. 마술사가 이와 같이 하기위해서는 각 상자 안에 몇 개씩의 공을 미리 넣어두어야 하는지 알아보자.

풀이

다음의 각 상자에 넣어져야 할 공의 개수는 다음 그림과 같다. 공의 개수가 역순으로 들어있어도 된다.

8	10	1	3	2	7	8

097. 성냥개비 놀이

그림과 같이 성냥개비 13개를 사용하여 만든 모형이 있는데 다음의 각각을 해결하여보자.

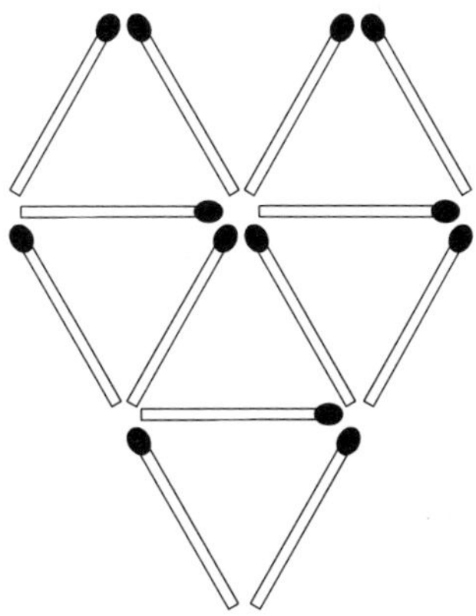

1) 3개의 성냥개비를 제거하여 3개의 삼각형 모형을 만들어보자.
2) 2개의 성냥개비를 제거하여 4개의 삼각형 모형을 만들어보자.
3) 3개의 성냥개비를 제거하여 4개의 삼각형 모형을 만들어보자.
4) 4개의 성냥개비를 제거하여 5개의 삼각형 모형을 만들어보자.

풀이

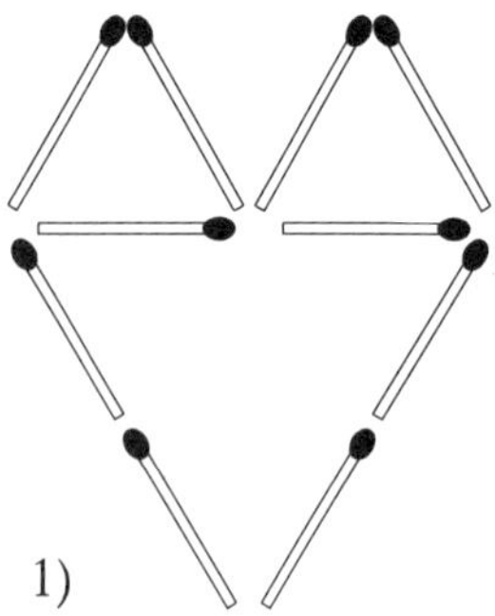
1)

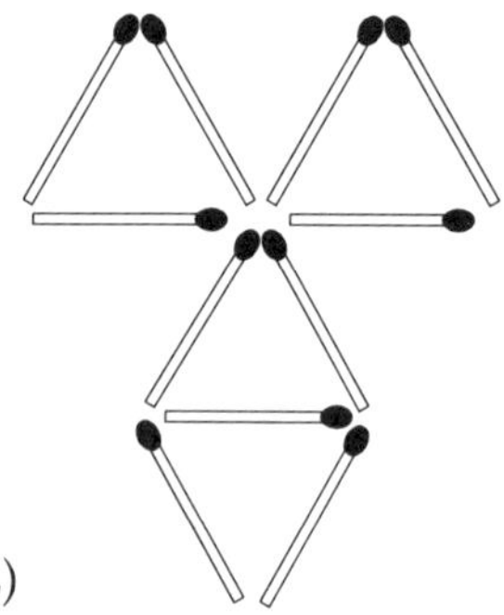
2)

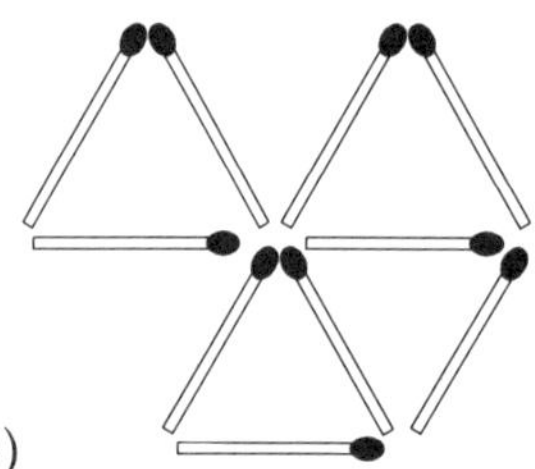
3)

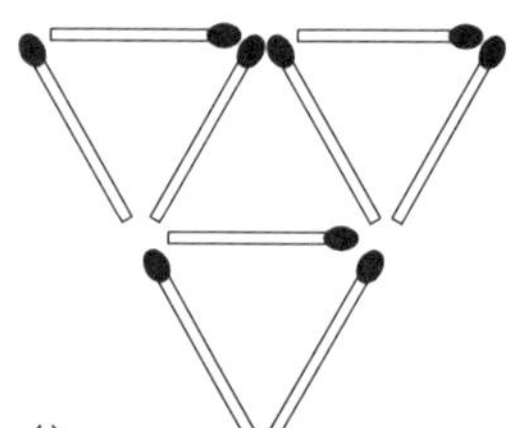
4)

098. 삼각형의 둘레의 합

아래 그림과 같이 1변의 길이가 $10cm$인 정삼각형 ABC가 있다. 이 삼각형의 각 변을 2등분하여 삼각형 DEF를 만들고 다시 이를 2등분하여 삼각형 GHI를 만든다. 이와 같이 계속하여 작은 삼각형을 만들어 가면 전체 삼각형의 변의 길이의 합은 얼마가 될까?

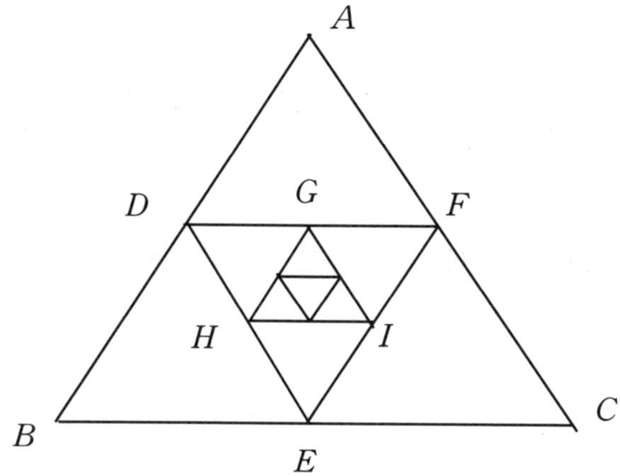

풀이

처음 삼각형 ABC의 변의 길이는 $30cm$이다. 그 다음 삼각형 DEF의 변의 길이는 $15cm$이다. 그 다음 삼각형 GHI

는 $\frac{15}{2}cm$ 이다. 즉 삼각형 전체의 변의 길이는 처음부터 차례로

$$30,\ 15,\ \frac{15}{2},\ \frac{15}{4},\ \frac{15}{8},\ \frac{15}{16},\frac{15}{32},\ \frac{15}{64},\ \frac{15}{128},\ \cdots$$

와 같이 변한다. 이 수열을 합하면

$$30+15+\frac{15}{2}+\frac{15}{4}+\frac{15}{8}+\frac{15}{16}+\frac{15}{32}+\frac{15}{64}+\frac{15}{128}+\cdots$$

이며 이를 계산하기 위하여 이 급수를 단순화하자. 그러면

$$45+15\left(\frac{1}{2}+\frac{1}{4}+\frac{1}{8}+\frac{1}{16}+\frac{1}{32}+\frac{1}{64}+\frac{1}{128}+\cdots\right)$$

이 되고 급수의 값을 1로 하면 $45+15(1)=60$ 이므로 삼각형의 둘레의 합은 $60cm$ 이다.

099. 숫자 9를 사용한 재미있는 계산

숫자 9를 5번 사용하여 각종 연산(더하기, 빼기, 곱하기, 나누기 등)을 하여 10을 만드는 방법을 찾아보자.

풀이

① $9+\frac{99}{99}=10$

② $9+9-9+\frac{9}{9}=10$

③ $9+\frac{9+9}{9+9}=10$

④ $(9+\frac{9}{9})\times\frac{9}{9}=10$

⑤ $9+\frac{9\times9}{9\times9}=10$

⑥ $\frac{99}{9}-\frac{9}{9}=10$

⑦ $\sqrt{9}+\sqrt{9}+\sqrt{9}+\frac{9}{9}=10$

⑧ $9^{\frac{9}{9}}+\frac{9}{9}=10$

⑨ $9+\frac{\frac{9}{9}}{\frac{9}{9}}=10$

100. 상인과 세 아들

17마리의 양을 가지고 있는 한 상인이 3명의 아들들에게 양을 나누어 주는 유언을 다음과 같이 하고 죽었다. "첫째는 양의 절반을, 둘째는 양의 $\frac{1}{3}$을, 셋째는 $\frac{1}{9}$을 갖도록 하라"고 했다. 아들들은 아버지의 유언을 따르려 했지만 유언대로 나누어 가질 수 없었다. 그때 지나가던 노인이 양을 나누는 방법을 가르쳐 주었다. 어떻게 했을까?

풀이

노인은 자기의 양 1마리를 가져오게 해서 18마리의 양이 되게 했다. 그리고 노인은 첫째 아들이 18마리의 절반인 9마리를, 둘째는 6마리, 셋째는 2마리를 갖도록 했다. 그러면 아들들이 갖게 되는 양은 모두 17마리이다. 그러고 나서 노인은 처음에 가져왔던 자신의 양 1마리를 도로 가져갔다. 결국 삼형제는 모두 자기의 원래 몫보다 조금 더 갖게 되었다는 생각에 만족하였다.

101. 1로만 이루어진 정수의 신기한 성질

11, 111, 1111, 11111, …과 같이 1로만 이루어진 수들은 특별한 성질들을 갖고 있다. 이들의 약수들을 찾아보자. 그리고 이 들 중에서 소수인 것들을 찾아보자. 또 이들 중 약수로 3과 37을 동시에 갖는 것들을 찾아보자.

풀이

1) 자리수가 짝수인 수 11, 1111, 111111, 11111111, … 등은 항시 11을 약수로 갖는다.

$$11 = 11 \times 1$$
$$1111 = 11 \times 101$$
$$111111 = 11 \times 10101$$
$$11111111 = 11 \times 1010101$$

2) 자릿수가 3의 배수인 수 111, 111111, 111111111, … 등은 3과 37을 약수로 갖는다.

$$111 = 3 \times 37$$
$$111111 = 111 \times 101 = 3 \times 37 \times 101$$
$$111111111 = 111 \times 1001001 = 3 \times 37 \times 100100$$

102. 평면위에 여러 개의 점을 찍어보자

평면위에 여러 개의 점을 찍을 찍으려한다. 다만 어떤 세 점도 한 직선상에 있지 않고, 어떤 다섯 개의 점도 선으로 연결하여 오각형이 되지 않게 하면서 점을 찍으려한다. 최대로 찍을 수 있는 점의 수가 몇 개나 될지 알아보자.

풀이

점을 8개까지 찍을 수 있으며 그 방법은 2가지가 있다. 점 9개를 찍어도 가능한 지를 알아보자.

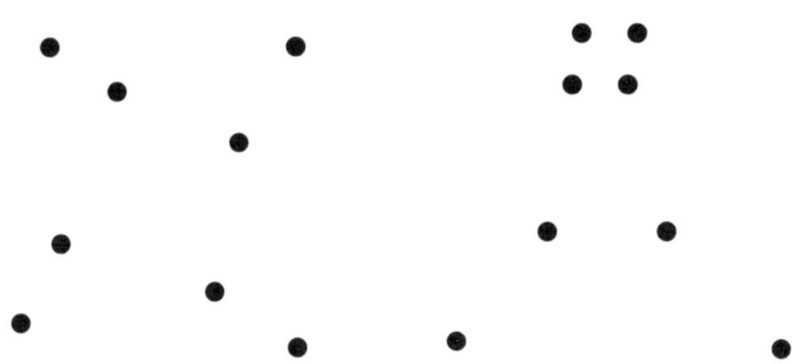

(ㄱ) (ㄴ)

103. 담배꽁초로 만든 새 담배

담배꽁초 3개피로 새 담배 1개비를 만들 수 있다고 하자. 10개의 담배꽁초로 몇 개비의 새 담배를 만들어 피울 수 있는가?

풀이

답은 5개비이다. 처음에 9개의 꽁초로 3개의 담배를 만들고 이를 피우면 다시 3개의 꽁초가 나온다. 이 3개의 꽁초로 1개의 담배를 만들어 피우고 나면 다시 꽁초가 1개 생긴다. 처음에 사용하지 않은 꽁초와 합하면 2개의 꽁초가 남게 된다. 2개의 꽁초로는 담배를 만들 수 없으므로 꽁초 1개를 다른 사람에게서 빌려 3개의 꽁초로 담배를 만들어 피운다. 그러면 다시 꽁초가 1개 남는데 이것은 꽁초를 빌려준 사람에게 돌려준다. 결국 5개비의 담배를 피울 수 있다.

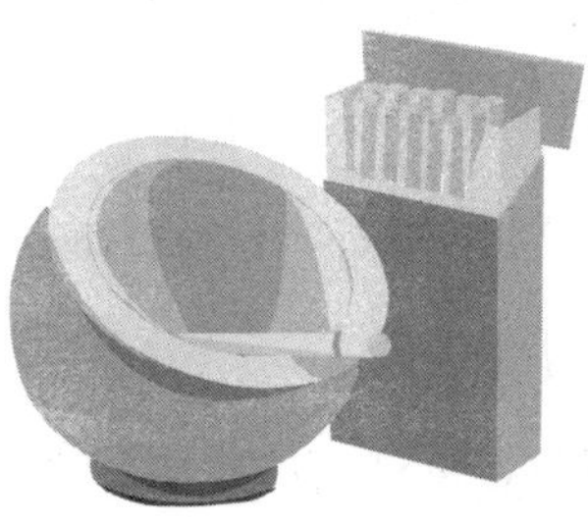

104. 왜! 벌집은 6각형기둥일까?

꿀벌이 꿀을 저장하면서 살아가는 벌집을 살펴보면 정육각 기둥으로 만들어져 있다. 왜 하필이면 정육각형의 도형을 선택하였을까? 공학적인 이유는 생략하고 수학적인 이유만을 알아보자.

기원후 3세기에 알렉산드리아에서 살았던 그리스의 수학자 파푸스가 남긴 [수학집성(數學集成)]이라는 책에 '꿀벌의 집에 관한 이야기'라는 대목이 있는 데 거기에는 다음과 같은 구절이 있다.

"꿀벌은 천국으로부터 꿀이라는 신들의 음식 일부를 얻어서 인류에게 날라다 준다. 이처럼 귀한 꿀을 땅바닥이나 수목, 그 밖의 마시기 사나운 곳에 함부로 부어넣는 것은 적당치 않다. 그래서 꿀벌들은 꿀을 붓기에 알맞은 그릇을 만들었다. 이 그릇은 불순물이 끼지 못하도록, 서로 빈틈없이 연이어 있는 형태를 지녀야 한다. 그런데 동일한 점을 둘러싼 공간을 빈틈없이 채울 수 있는 도형은 정삼각형, 정사각형, 그리고 정육각형의 세 가지 밖에는 없다. 꿀벌들은 본능적으로 최대의 각(꼭짓점)을 가진 정육각형을 택했지만, 이 형태는 다른 둘보다 훨씬 많은 꿀을 채울 수가 있다."

우선 길이 12cm인 끈으로 만들어진 각 도형(직사각형, 정사각형, 정삼각형, 정6각형, 정8각형, 원)의 면적을 구하여 비교하여 보자.

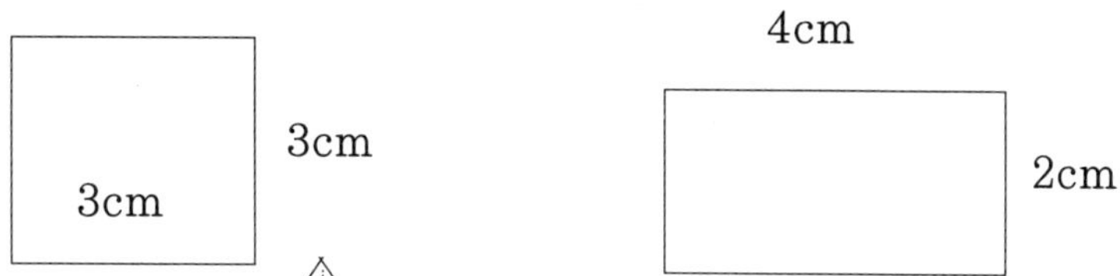

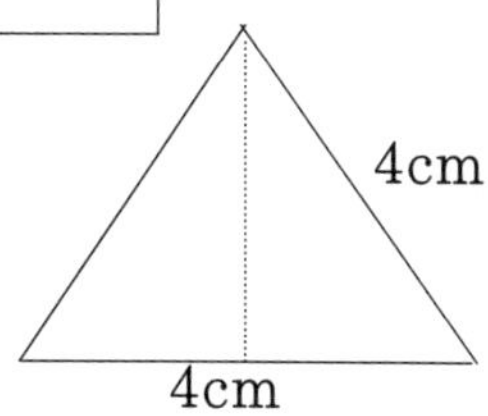

$$S=4\times 2\sqrt{3}\div 2$$

둘레가 12cm인 원의 반지름 r은

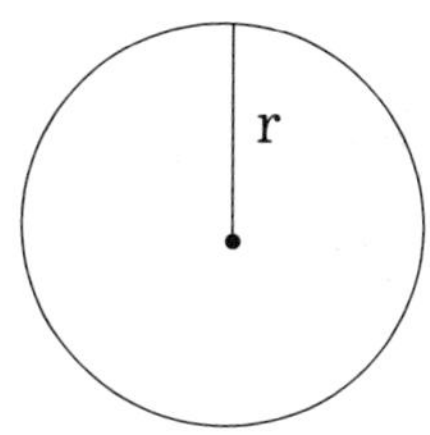

$2\pi r=12$에서 $r=\dfrac{6}{\pi}$므로 원의 면적은

$$S=\pi r^2=\pi\left(\frac{6}{\pi}\right)^2=\frac{36}{\pi}\fallingdotseq 11.459$$

정육각형의 면적은

$$S=6\cdot\frac{1}{2}\cdot 2\cdot\sqrt{3}=6\sqrt{3}\fallingdotseq 10.392(cm^2)$$

정8각형의 면적은

$$S=(1.5)^2+4\cdot(1.5)x+2x^2\fallingdotseq 1.086(cm^2)$$

$(x^2+x^2=1.5^2$이므로 $x^2=1.125$이고 $x=1.060$이다.)

위에서 둘레가 같은 여러 가지 도형의 면적을 구하였는데 그 모양이 원에 가까울수록 면적이 커진다는 것을 알 수 있다. 그래서 꿀벌이 집단생활을 하지 않고 한 마리씩 독립생활을 한다면 당연히 원기둥의 집을 짓고 살았을 것이다. 그러나 꿀벌은 집단공동 생활을 하고 있다.

공동생활을 하는 꿀벌의 입장에서 같은 양의 재료를 사용하여 벌집을 지을 때 경제성을 우선하는 것을 알 수 있다. 평면을 정다각형으로 채우는 데 가장 경제적인 방법은 사이에 틈이 생기지 않도록 하기 위하여 정삼각형, 정사각형, 정육각형을 사용하여야 하고 그 가운데서 원에 가장 가까운 정육각형을 선택하였다. 이것이 꿀벌이 정육각기둥으로 벌집을 만드는 이유이다.

같은 이유로 겉넓이가 같은 도형들의 부피를 서로 비교하면 구의 형태에 가까워질수록 부피가 커진다. 그러므로 같은 겉넓이로 가장 많은 공간을 활용할 수 있는 주전자나 항아리가 바로 구형이며 우리의 실생활에서 이와 같은 원리를 다방면에서 이용하고 있다.

105. 동전으로 만드는 정사각형은 몇 개인가?

동전 20개를 다음 그림과 같이 십자가 형태로 늘어놓았다. 동전의 중앙을 꼭짓점으로 하는 정사각형을 몇 개나 그릴 수 있는지 알아보자. 그리고 몇 개의 동전을 없애면 어떠한 정사각형도 그릴 수 없게 되는데 이렇게 되기 위해 몇 개의 동전을 치워야하는가 알아보자.

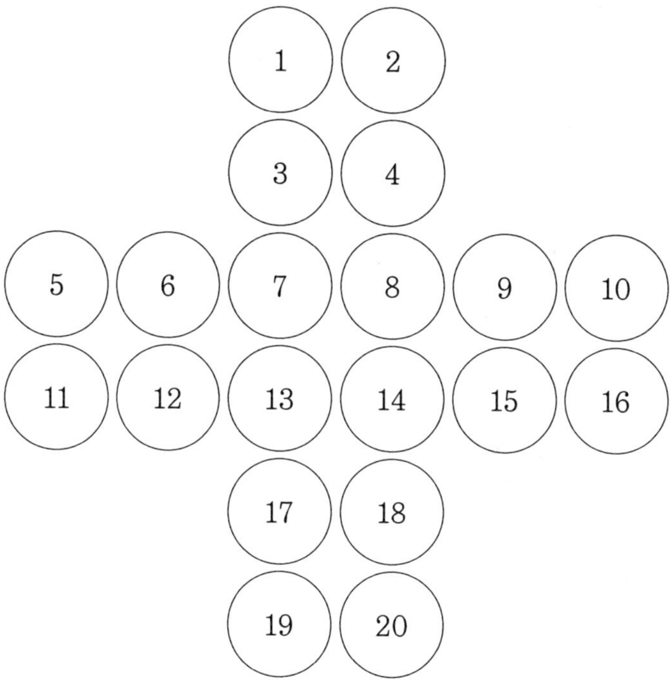

풀이

모두 21개의 정사각형을 그릴 수 있다. 자세히 알아보자.

한 변의 길이가 1인 정사각형 : 9개

한 변의 길이가 $\sqrt{2}$ 인 정사각형 : 4개

한 변의 길이가 $\sqrt{5}$ 인 정사각형 : 2개

한 변의 길이가 $\sqrt{8}$ 인 정사각형 : 4개

한 변의 길이가 $\sqrt{13}$ 인 정사각형 : 2개

정사각형을 전혀 그릴 수 없게 하려면 3, 5, 6, 14, 15, 20 번의 동전 6개를 치우면 된다.

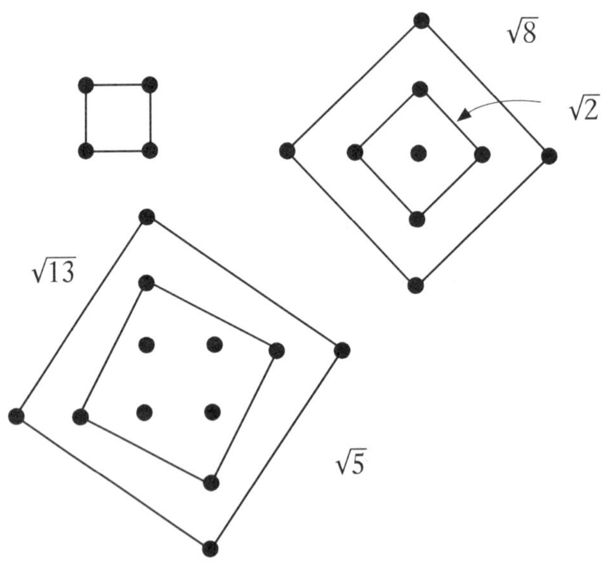

106. 체스판 위에서 정육면체 굴리기

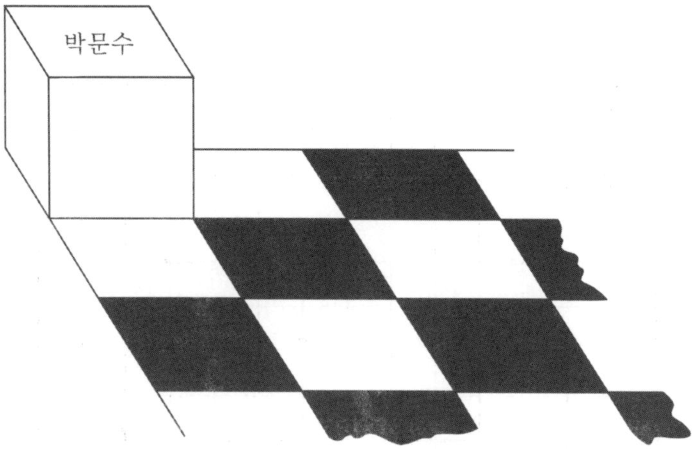

8칸×8칸 크기의 체스판 위에 체스판의 한 칸에 한 면이 꼭 맞는 크기의 정육면체가 있다. 정육면체의 위면에 자신의 이름을 써넣고 체스판의 왼쪽 위 귀퉁이에 놓는다. 주사위를 가로, 세로 어느 쪽이든 한 번에 한 면씩 굴려서 체스판의 모든 면을 겹치지 않고 한 번씩 지나가고자 한다. 체스판을 맨 마지막으로 지날 때 자신의 이름이 위 면에 나타나도록 할 수 있는지 알아보자. 단 체스판을 지나는 중간에는 이름이 위 면에 나오지 않아야 한다. 주사위와 체스판을 준비하여 실제로 하여보자.

풀이

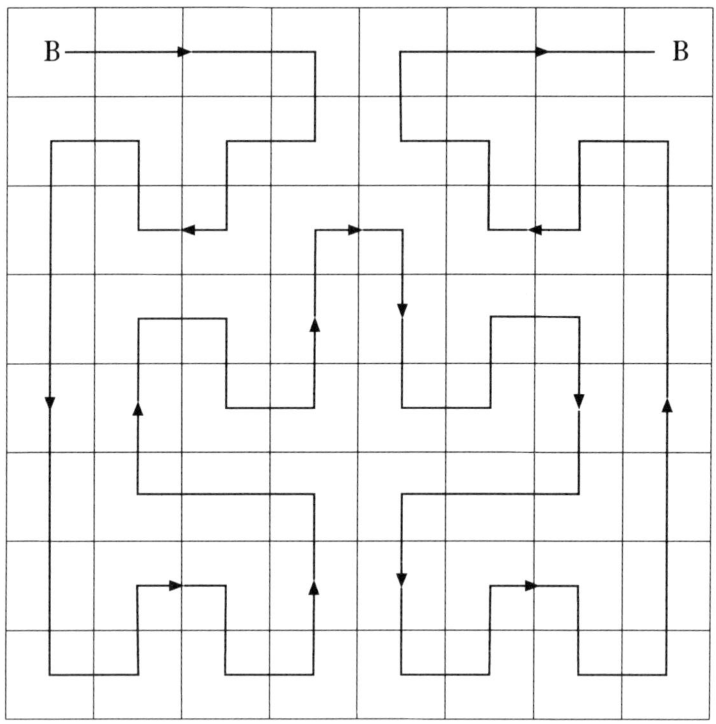

107. 얼음 녹이기

더운 여름에 냉장고의 얼음을 꺼내 입에 넣으면 입안이 매우 시원하다. 그런데 이 얼음을 이빨로 깨서 먹으면 깨지 않고 먹는 것 보다 더 쉽게 녹는 것을 알 수 있다. 같은 양의 얼음인데 녹는 시간이 왜 다른지 알아보자.

풀이

얼음을 깨면 그 조각들이 처음 얼음덩이 보다 작아진다. 그러면 같은 양의 얼음이지만 처음 얼음덩이보다 깨어진 작은 알갱이들의 전체 겉넓이는 더 커진다. 그러므로 얼음이 입 안에서 녹을 때 접촉되는 면이 넓어져 더 잘 녹는 것이다. 예를 들면 음식물도 잘게 부수어 오래 씹어 먹는 것이 소화가 더 잘되는 것이다. 실제 간단히 계산하여 확인하여 보자.

반지름이 R인 구 모양의 얼음덩어리의 부피는 $\frac{4}{3}\pi R^3$ 이고 겉넓 이는 $4\pi R^2$ 이다. 이 얼음덩어리를 같은 모양으로 8개의 작은 구 모양으로 잘게 깨었다고 하자.

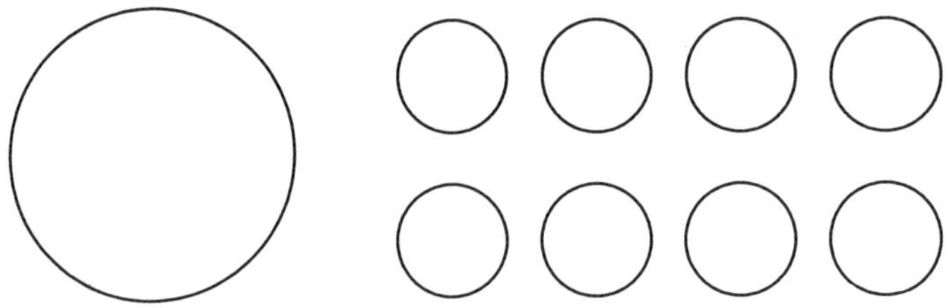

그러면 전체 부피는 변하지 않았지만 각각의 반지름은 작아졌다. 이 때 작아진 얼음덩어리의 반지를을 r 이라 하면

$$\frac{4}{3}\pi R^3 = 8 \times \frac{4}{3}\pi r^3$$

$$R^3 = 8 \times r^3 = (2r)^3$$

이다. R 과 r 이 모두 양수이므로 $R = 2r$ 이다. 즉 $r = \frac{R}{2}$ 이다. 따라서 구하려는 작은 얼음덩어리들의 겉넓이는

$$8 \times 4\pi(\frac{R}{2})^2 = 2 \times 4\pi R^2$$

이 되어 2배나 늘어나게 되고 이에 따라 대략 2배 정도 더 잘 녹게 됨을 알 수 있다.

108. 슈퍼에서 사과 구입하기

사과를 구입하기 위하여 가게에 갔다. 사과는 큰 것과 작은 것으로 구분되어 상자에 담아져 있었다. 큰 사과는 5개에 1만원이고 작은 사과는 10개에 1만원이었다. 큰 사과의 반지름은 대략 7cm이고 작은 사과의 반지름은 5cm 정도이다. 어느 것을 사는 것이 같은 값에 양이 더 많을까 알아보자.

풀이

반지름이 r 인 사과의 부피는 $\frac{4}{3}\pi r^3$ 이다. 그러므로 큰 사과 5개의 부피는

$$5\times\frac{4}{3}\pi\times 7^3=\frac{20}{3}\times 343\times\pi \fallingdotseq 2287\pi$$

이고 작은 사과 10개의 부피는

$$10\times\frac{4}{3}\pi\times 5^3=\frac{40}{3}\times 125\times\pi \fallingdotseq 1667\pi$$

이다. 따라서 반지름이 7cm인 사과 5개와 반지름이 5cm인 사과 10개를 비교하면 큰 사과 5개가 더 부피가 큰 것을 알 수 있으므로 개수는 적지 만 큰 사과를 사는 것이 유리하다.

109. 1부터 100까지의 자연수의 합을 구해보자.

1부터 100까지의 자연수 모두를 더하기 한 값을 구하여보자.

풀이

1부터 100까지 이 수를 차례로 더하는 식을 쓰고 다시 100부터 1까지의 수를 거꾸로 차례로 합하는 식을 써서 이들을 변 변 더하기 한다. 그러면 1부터 100까지 두 번 더하기를 한 것과 같으므로(즉 101을 100번 더하기 한 것과 같다) 이를 2로 나눈 결과가 답으로 5050이다.

$$\begin{array}{rl} & 1+2+3+\cdots+99+100 \\ +) & 100+99+\cdots+3+2+1 \\ \hline & 101+101+\cdots+101+101 \end{array}$$

따라서 101을 100번 더하고 2로 나누면 된다.

$$\begin{aligned} 101+101+\cdots+101+101 &= 101\times100\div2 \\ &= 5050 \end{aligned}$$

이 식을 귀납법을 사용하여 다음을 추측할 수 있다. 즉 임의의 자연수 n 에 대하여

$$1+2+3+\cdots+n=\frac{n(n+1)}{2} \tag{1}$$

이 성립한다. 예를 들면 1에서 10까지의 합은 식 (1)에 의하여

$$1+2+3+\cdots+10=\frac{10(10+1)}{2}=55$$

이다.

110. 가짜 동전 찾기

(1) 10원짜리 동전이 27개 있다. 그 중에서 1개는 가짜이다. 진짜 동전 26개는 무게가 모두 똑 같으며 가짜 동전은 진짜보다 조금 가볍다. 접시저울에 동전의 무게를 달아서 가짜 동전을 찾아내는 데 저울질을 가장 적게 하고서 가짜 동전을 찾으려면 저울질을 몇 번하면 가짜 동전을 찾아낼 수 있을까?

(2) 10개로 된 동전 묶음이 10개 있다. 이중 1개의 묶음이 가짜이다. 가짜 동전은 진짜 동전보다 1그램씩 무겁다. 그러면 가짜 동전을 찾기 위해 저울로 동전의 무게를 잴 경우 몇 번을 재면 될까?

풀이

(1) 저울질을 세 번만 하면 가짜 동전을 찾아낼 수 있다. 27개의 동전을 9개씩 3무더기로 나누어 2무더기를 올려놓으면 가짜 동전이 들어있는 동전 한 무더기를 찾을 수 있다. 같은 방법으로 하면 가짜 동전을 찾을 수 있다.

(2) 각 동전의 묶음에서 차례로 1개, 2개, 3개, … 씩의 동전을 꺼내어 한꺼번에 저울에 올려놓으면 진짜 동전의 무게를 알고 있으므로 진짜 동전들의 무게보다 더 나아가는 무게에 해당하는 꾸러미가 가짜이다. 즉 4g이 더 나가면 4번째 꾸러미가 가짜인 것이다. 단 한 번에 알아낼 수 있다.

111. 2부터 차례로 n개의 짝수들의 합을 구하여 보자.

풀이

우선 처음 몇 개의 짝수의 합을 조사해보자.

$$2+4 = 6 = 2\times3$$
$$2+4+6 = 12 = 3\times4$$
$$2+4+6+8 = 20 = 4\times5$$
$$2+4+6+8+10 = 30 = 5\times6$$

$$- - - - - - - - - - -$$

위 식을 살펴보면 어떤 형태의 규칙을 발견할 수 있으며 이를 일반화하면 다음과 같다. 즉

$$2+4+6+\ldots 2n = n(n+1)$$

이다. 위 1부터 n까지의 자연수의 합 공식을 이용하여 이를 확인하여보면 다음과 같다.

$$\begin{aligned}2+4+6+\ldots 2n &= 2(1+2+3+\cdots+n)\\ &= 2\times\frac{n(n+1)}{2}\\ &= n(n+1)\end{aligned}$$

112. 1부터 차례로 n개의 홀수들의 합을 구하여 보자

풀이

우선 처음 몇 개의 홀수의 합을 조사해보자.

$$1+3 = 4 = 2^2$$
$$1+3+5 = 9 = 3^2$$
$$1+3+5+7 = 16 = 4^2$$
$$1+3+5+7+9 = 25 = 5^2$$

위 식을 살펴보면 1부터 n개의 홀수의 합 S는 n^2 임을 추측할 수 있다. 이를 확인하여보자. 1부터 2n개의 자연수의 합을 T, 2부터 n개의 짝수의 합을 E라 하자. 그러면

$$\begin{aligned} T &= 1+2+3+ \cdots +2n \\ &= [1+3+5+ \cdots +(2n-1)] +[2+4+6+ \cdots +2n] \\ &= S + E \end{aligned}$$

이다. 따라서

$$\begin{aligned} S &= T - E \\ &= 2n \times \frac{(2n+1)}{2} - n(n+1) \\ &= 2n^2+n-n^2-n=n^2 \end{aligned}$$

이 된다.

113. 가장 큰 자연수는 존재하는가?

수학의 정리에 대한 증명은 크게 직접증명과 간접증명으로 나눈다. 직접증명은 주어진 가정과 가설을 연역적 방법에 의하여 단계적으로 추론하는 증명 방법이고 간접증명은 직접증명이 불가능하거나 어려운 경우 사용하는 방법으로 결론을 부정하여 모순을 찾는 귀류법과 달리 대우법이 있다. 이를 활용하여 가장 큰 자연수가 존재하지 않음을 보여라.

풀이

가장 큰 자연수 n_0가 존재한다고 가정하자. 그러면 n_0+1은 자연수이고 $n_0+1>n_0$이므로 n_0가 가장 큰 자연수라는 가정에 모순이다. 따라서 처음의 가정이 거짓이고 가장 큰 자연수는 존재할 수 없다.

1, 2, 3, 4, 5, 6, ………… n, n+1, ……… ?

114. 하노이 탑 이야기

1883년 프랑스 수학자 루카스는 하노이 탑이라는 유명한 문제를 고안해 냈다. 베트남의 수도 하노이의 불교 사원에 다음과 같은 전설이 전해오고 있다.

인도의 베나레스에 있는 브라만교 대사원의 탑에는 다음과 같은 유명한 전설이 있다. 이 탑에는 3개의 다이아몬드 기둥이 있는데 신이 세상을 창조할 때 이 기둥 하나에 순금으로 된 구멍 뚫린 원판 64개를 꿰어 놓았다. 원판은 제일 큰 것을 맨 밑에 놓고 차례로 위로 올라가면서 점점 작은 것이 쌓여있다. 그리고 신은 승려들에게 이 원판들을 다른 기둥으로 옮겨 원래의 상태대로 되게 하라고 했다. 그러나 원판을 옮기는 데는 2가지 규칙을 두었는데 원판은 한 번에 한 개씩만 옮겨야 되고 작은 원판 위에 큰 원판이 오지 않도록 하는 것이다. 이 규칙을 지키려면 처음 원판을 쌓았던 기둥과 원판을 쌓을 기둥 그리고 나머지 하나의 기둥으로 원판을 이리저리 수없이 옮겨야 한다. 이렇게 해서 64개의 원판이 다른 기둥으로 규칙에 따라 완전히 옮겨졌을 때 세상의 종말이 온다고 했다는 것이다.

이 전설에서 기둥의 원판을 다른 한 기둥으로 모두 옮기는 일을 끝내려면 원판을 몇 번이나 옮겨야하고 이를 위한 시간은 얼마나 필요한 것일까 하는 의문이 생긴다. 원판을 옮기는 횟수는 "$2^{64}-1$"번이다. 이때 원판을 1번 옮기는데 걸리는 시간을 1초라

할 경우 원판을 모두 옮기는 데는 약 5천8백50억년이 걸린다.

위의 원판 옮기기를 원판이 4개인 경우로 예를 들어 생각해 보자.

풀이

앞의 표와 같이 A기둥의 원판 4개를 C기둥으로 그대로 옮기는 데는 $2^4-1=15$ 단계가 필요하다. (참고 : 아래 표에서 번호들은 기둥의 원판을 의미하며 작은 번호가 위이고 맨 오른쪽 큰 번호가 아래 바닥에 있는 것으로 간주하고 본다.)

단계	A	B	C
0	①②③④		
1	②③④	①	
2	③④	①	②
3	③④		①②
4	④	③	①②
5	①④	③	②
6	①④	②③	
7	④	①②③	
8		①②③	④
9		②③	①④
10	②	③	①④
11	①②	③	④
12	①②		③④
13	②	①	③④
14		①	②③④
15			①②③④

115. 숫자 채우기

다음 그림의 원 안에 1에서 8까지의 숫자를 넣는데 선으로 연결된 원은 서로 인접한 수가 들어가지 않게 숫자를 넣어보자.

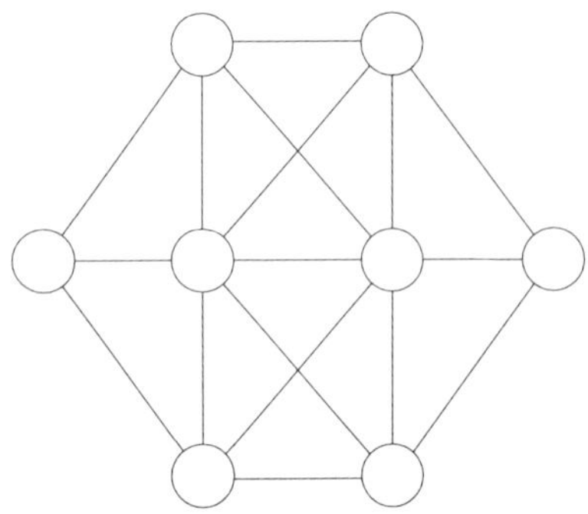

풀이

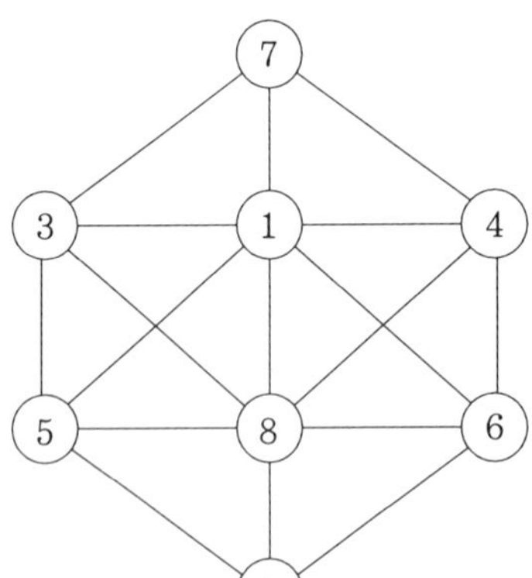

116. 수학자들 이야기

선사시대, 석기시대, 철기시대를 거치면서 지중해 연안에는 문화의 대변혁이 일어나고 교역과 사람의 왕래가 넓어졌다. 더 나아가 도시국가가 형성되고 상인들이 부를 갖게 되는 과정에서 지식과 문화의 교류가 활발해졌다. 부유층의 발생은 지적 호기심을 충족시키기 위한 방법으로 수학에 대한 관심이 증대되었다. 그 이전에 아리스토텔레스는 이집트의 사제들로부터 수학이 시작되었다고 생각하였다. 수학의 발전에 중요한 역할을 한 인물들을 살펴보자. 처음 수학이 학문으로서 자리 잡기 시작한 것은 기원전 6세기 경으로 수학자 **탈레스**부터이다.

1) 탈레스

그리스 수학의 시조는 기원전 600년경의 철학자 **탈레스**(Thales, BC 640−546)이다. 탈레스는 원래 바빌로니아와 이집트를 왕래하던 거부상인이었는데 사업차 이집트에 갔다가 그곳에서 이집트 수학에 매료되어 공부하고 그리스로 돌아와 그리스의 수학과 천문학의 기초를 만들게 되었다. 탈레스는 일원론(모든 것은 하나라는 믿음)의 사상을 갖고 있었으며 물이 액체이지만 수증기와 얼음으로 존재할 수 있음을 알고 **우주의 근원은 물**이라고 생각했다.

탈레스에 대해서는 많은 이야기가 있다. 하늘의 별을 보기 위해 밖으로 나갔다가 도랑에 빠졌는데 주변의 할머니가 “당신은 하늘만 보느라 발밑을 못보시는군요”라고 말하며 웃었다는 이야기는 유명하다. 탈레스는 자신의 그림자의 길이가 자신의 키와 같을 때 피라미드의 그림자의 길이를 재어 피라미드의 높이를 계산했다. 이 방법은 실제로 아주 훌륭한 아이디어였다. 그런데 그가 린드파피루스의 기록을 보고 피라미드의 높이를 측정하는 이 방법을 알게 된 것은 아닐까 하고 생각하고 있다. 그것은 린드파피루스에 닮음과 비례의 개념을 사용해 피라미드의 높이를 측정하는 방법이 기록되어 있기 때문이다. 또한 탈레스는 기원전 585년 5월 28일에 일식이 생기는 것을 예언하여 사람들을 놀라게 했다고 한다.

아래 정리는 모두 이집트와 메소포타미아인들에게 이미 알려져 있었지만 탈레스가 처음으로 증명한 것들이다.

- ❒ 이등변삼각형의 두 밑각은 같다.
- ❒ 한 원은 지름에 의해 둘로 이등분된다.
- ❒ 두 직선이 만날 때 그 맞꼭지각은 서로 같다.
- ❒ 반원에 내접하는 삼각형은 직각삼각형이다.
- ❒ 두 삼각형의 대응하는 한 변과 두 각이 서로 같으면 두 삼각형은 합동이다.

❒ 삼각형의 내각의 합은 180도이다.

2) 피타고라스

탈레스의 제자였던 **피타고라스**(Pythagoras, BC 570-500 ?)는 탈레스가 태어난 밀레토스에서 멀지 않은 이오니아의 사모스 섬에서 태어났다. 그러므로 탈레스보다 50년 정도 후 세대 사람인 셈이다.

밀레토스와 사모스 섬은 그리스 본토가 아니고 이집트에 가까운 그리스의 식민지였다. 그리스의 철학자나 수학자들은 대부분 그러한 식민지에서 태어나 성장한 사람들로 아마도 이집트와 가까워 문화적, 학문적 영향을 많이 받았을 것으로 생각할 수 있다. 피타고라스는 탈레스와 마찬가지로 이집트와 바빌로니아의 여행을 통해 수학과 천문학을 배웠다. 당시의 학자들은 종교에 대해서도 깊은 지식과 관심을 갖고 있었으며 피타고라스는 부처와 공자와 같은 시대에 살았던 사람이다.

피타고라스는 기원전 525년에 이탈리아 남부의 도시인 크로톤에 아카데미(학교)를 세워 제자들을 가르쳤으며 피타고라스의 아카데미에서는 철학, 수학, 자연과학을 가르칠 뿐만 아니라 과목의 틀에 얽매이지 않으며 정치나 종교로부터 자유로운 입장에서 자유교과를 중심으로 진리 탐구를 그 목표로 하였다.

피타고라스의 아카데미는 특히 기하와 대수를 중점 지도하였으며 자유로운 분위기 속에 도형과 수의 성질을 생각함으로써 공간, 물질, 시간의 본질을 추구하였다. 이런 것으로 보아 피타고라스의 아카데미는 정말로 그리스 문명의 정신을 상징하는 것이었다. 피타고라스의 아카데미는 음수 개념을 갖고 있지 않았다. 피타고라스의 아카데미는 기원전 4세기 말까지 계속되었는데 어느 광신적 집단의 습격으로 피타고라스 자신이 피살되었고 아카데미도 문을 닫게 되었다.

◉ **피타고라스 아카데미의 업적**

- 피타고라스 정리 증명(피타고라스 정리의 증명 방법은 250여 가지가 있다.)
- 산술, 기하, 조화평균과 상호관계 조사
- 완전수와 친화수, 충분수, 결핍수
- 정다면체가 5종류만 존재한다.
- 정오각형의 작도법

피타고라스는 '직각삼각형 빗변의 제곱은 다른 두 변의 제곱의 합과 같다'는 피타고라스의 정리로 유명하며 그는 '**수(數)가 만물의 근본**'이라고 생각한 신비주의 철학자이기도 하다. 그는 땅은 정6면체, 불은 원뿔, 공기는 정8면체, 물은 정20면체, 하늘은 정12면체라는 식으로 자연계의 물질을 기하학적 도형으로 표현했을 뿐만 아니라 숫자에 윤리적이고 초자연적인 의미를 부여하기도 했다. 하지만 피타고라스는 처음 4개의 정다면체만을 알았으며 정12면체를 발견한 사람은 **히파수스**(Hippasus, BC 470)였다. 히파수스는 정12면체를 발견한 업적을 피타고라스에게 돌려야 한다는 피타고라스아카데미의 규칙을 위반했다는 이유로 이 아카데미에서 추방되었다.

◉ 피타고라스의 수

고대 인도나 이집트에서는 해마다 강물이 범람하여 많은 농지가 침수되고 유실되었으며 이로 인해 농지의 경계 구분이 어려웠다. 따라서 없어진 경계를 다시 만들어야했으므로 측량기술이 매우 발달하게 되었고 측량 기사들은 직각을 만들 줄 알았다. 이집트인 들은 직각삼각형의 변의 길이의 비가 3 : 4 : 5가 되는 것을 알았으며 인도에서는 15 : 36 : 39의 비율을 이용했다. 피타고라스의 정리 “빗변의 제곱은 다른 두 변의 제곱의 합과 같다.”의 예를 들면 $3^2+4^2=5^2$ 이 있다. 이때 3, 4, 5를 피타고라스의 수라고 한다. 다른 피타고라스의 수는 (5, 12, 13), (7, 24, 25), (8, 15, 17), (9, 40, 41), … 등이 있다. 피타고라스의 수의 배수들도 피타고라스의 수이다.

피타고라스 아카데미의 디오판토스는 400년경 3, 4, 5와 유사한 피타고라스의 수가 무한히 있음을 증명하였으며 피타고라스의 수를 찾는 방법도 알아내었다. 피타고라스 정리의 최초 일반적인 증명은 피타고라스에 의해 이루어졌지만 이후 이 정리의 증명은 수없이 많이 나와 20세기 초까지 밝혀진 증명이 360여 가지가 된다.

3) 플라톤

피타고라스의 뒤를 이은 사람이 **플라톤**(BC 429-348)이다. 플라톤은 소크라테스의 제자였으며 BC 399년 소크라테스가 처형된 뒤 북아프리카로 여행을 했다. 여행 중 리비아의 수학자 테오도로스를 만나 수학을 연구하였다. 테오도로스는 3, 5, 6, 7, 10, 11, 13, 14, 15, 17의 제곱근이 무리수임을 증명한 사람이다.

플라톤은 40살이 되어 이탈리아로 건너가 아르키타스라는 수학자와 지냈다. 그 사이 시라쿠스의 지배자였던 디오니시우스 1세가 플라톤을 노예로 팔았는데 친구의 도움으로 몸값을 지불하고 풀려나 아테네로 돌아왔다. 그는 BC 380년경 아테네 교외의 아카데메이아 숲에 플라톤 아카데미를 설립하였는데 529년 로마의 유스티니아누스 대제의 명령으로 폐쇄되기까지 900년 동안에 걸쳐 학문의 중심이 되었다. 이 아카데미의 문에 "**기하학을 모르는 자는 이 문안에 들어오지 마시오!**"라는 푯말이 걸려 있었다는 것은 유명한 이야기이다.

프라톤은 우주에 존재하는 대상은 각각 영적인 세계나 감각적인 세계에 속한다고 생각했다. 그는 영적인 것은 선(善)으로 감각적인 것은 악(惡)으로 보고 프라토닉 사랑은 선으로, 섹스는 악으로 생각했다.

프라톤은 영적 세계에 다가가는 가장 좋은 방법으로 수학을 연구하는 것이라 생각했다. 수학에서 플라톤의 철학을 중요하게 생각하는 데 그것은 실제로 수학에 기여한 것 때문이 아니라 사람들에게 플라톤의 철학이 끼친 영향 때문이다. 플라톤은 정다면체를 불, 흙, 공기, 물 등에 비유하기도 했는데 흙-정육면체, 불-정사면체, 공기-정팔면체, 물-정이십면체, 우주-정십이면체로 대응시켰다.

20여년간 플라톤의 제자였던 아리스토텔레스(Aristotle, BC 384-322)는 수학의 본질에 관한 플라톤과는 생각이 달랐다. 아리스토텔레스는 무한집합이나 무한직선을 인정하지 않은 유한론자였다.

4) 유클리드

그리스의 도시 국가인 아테네는 기원전 338년 알렉산더 대왕의 원정으로 멸망했다. 알렉산더 대왕은 겨우 12년 만에 대제국을 건설하였다. 그는 BC 332년에 이집트 북부 해안에 알렉산드리아라는 도시를 세웠는데 이 도시는 고대 시대에 가장 화려하고 웅장한 도시였다. 알렉산드리아에는 높이가 160m나 되는 등대가 있었는데 이 등대는 고대 세계 7대 불가사의 가운데 하나로 유명하다. 알렉산더 대왕이 죽은 뒤에도 알렉산드리아는 학문의 중심지로 발전하였으며 BC 300년경 프톨레마이오스 1세는 알렉산드리아를 수도로 정하고 이곳에 세계 최초의 대학을 세웠다. 무제이움(Museum)이라고 불린 이 대학은 그 뒤 60만개나 되는 파피루스 두루마리를 소장했던 대형 도서관을 시작으로 수 많은 학술 연구 시설을 갖추게 되었다. 따라서 세계 여러 나라의 수학자들이 이 도시에 초빙되거나 모이게 되었는데 플라톤 학파의 수학자인 **유클리드**(Euclid : 330?-275?)도 프톨레마이오스 1세의 초청으로 제자들과 함께 그리이스에서 이곳으로 옮겨왔다. 이곳 대학에서 그의 위대한 작업인 '기하학 원론(원본)이 탄생하였다. **유클리드**는 광학, 음악, 천문학 등에 대한 저술을 하였는데 알렉산드리아에서 연구되었던 수학의 원리나 기본 내용을 13권으로 나누어 저술한 전집이 기하학 원론이다.

유클리드의 저서 **'기하학 원본'**은 기하학을 중심으로 하여 피타고라스 학파부터 플라톤 학파에 이르기까지의 수학의 개념을 총 망라한 책으로 정리 하나하나 마다 완전한 증명이 되어있다. 641년 이 대형 도서관은 아랍인들에 의해 파괴되었다.

유클리드는 알렉산드리아의 수학을 크게 발전시킨 장본인임에 틀림이 없으며 아리스타르쿠스, 아르키메데스, 아폴로니우스, 에라토스테네스 등이 이곳에서 배출되었다. 어느날 왕(프톨레마이오스 1세)이 "기하학 원본은 너무 어렵다. 좀 더 쉬운 기하학 입문서는 없는가?"라고 물었다. 이때 유클리드는 "폐하, 기하학에는 왕도가 없습니다."라고 대답했다고 한다. 이 당시에는 왕이 다니는 별도의 길(王道)이 있었다고 한다.

(1) 유클리드의 기하학 원본

고대 수학의 최대 중심지는 크로톤(Croton 지금의 이태리 남쪽)도 아니고 아테네도 아니며 아프리카의 알렉산드리아(Alexandria)이다. 이 도시는 나일강 삼각주에 있는 고도(古都) 라고디스의 근처에 위치하고 있으며 알렉산더大王(B.C.,356-323)의 이름을 따서 만든 것이다. 이 알렉산드리아에는 세계적인 도서관이 건립되었고, 국제적인 대학이 개설되었었다. 또 여기서는 세계의 다른 어떠한 지역보다도 많은 위대한 수학자가 나타난 곳이다. 유클리드(Euclid), 알키메데스(Archimedes), 아폴로뉴스(Apollonius), 에라토스테네스(Eratosthenes), 디오판토스(Diophantos) 등 수없이 많은 수학자들이 활동을 했다. 그러나 오늘날 이들의 저서가 있던 도서관이나, 박물관의 유적은 그 흔적도 없으며 정확한 위치도 알 수 없어 모든 것이 추측에 그친 상태이다.

알렉산드리아의 위대한 수학자들 가운데 유클리드는 세계적으로 알려진 수학교과서의 저자이다. 그가 지은 『기하원본(Elements)』은 처음에 양피(羊皮)나 파피루스 위의 수사본(手寫本)으로 된 것으로 1482년 인쇄본이 나온 이래 수천판(혹자는 200판 이상 이라고도 함)이 최근에까지 출간된 책이다. 유클리드는 그 때까지 축적된 수학적 지식의 모든 정수(精髓)를 기하원본이라는 책에 집대성하였다. 그의 개인적 생애(生涯)에 대해서는 거의 알려지지 않았으나 그는 B.C.,300여 년에 활동한 것으로 추측하고 있다.

유클리드의 기하원본은 총 13권으로 이루어져 있다. 이 책에는 피타고라스 사후 2세기 사이에 축적된 원과 직선 및 비에 대한 자료가 나열되어 있으며 이 중 465개의 명제는 평면 및 입체기하와 수론에 관한 것이다. 유클리드 자신이 독창적으로 만든 많은 명제가 포함되어 있다. 또한 정리와 문제를 논리적으로 연결시켜 배열한 것(즉 내용의 공리론적 전개)이 이 책을 유명하게 만들었으며 이 책만큼 수학의 성서가 된 책이 없었다.

기하원본은 정의(定義), 공리(公理), 공준(公準) 및 명제(命題)가 체계적으로 배열되어있으며 기하학의 기초가 되었다.

기하학원본에는 머리말이 없다. 또 책 전체를 통하여 연습문제가 전연 없다. 그야말로 필요 충분한 내용만 엄선하여 군살이 없이 체계적으로 완벽하게 쓰여진 교과서라고 할 수 있다. 1-6

권까지는 평면기하, 7-9권까지는 정수론과 관련된 내용, 10권에는 무리수, 11-13권까지는 입체기하학에 관한 내용이 수록되어 있으며 정다면체의 성질과 정다면체는 5종류만 존재한다는 것에 대한 토론을 마지막으로 수록하고 있다.

책의 첫 부분을 알아보면, 정의, 공리, 공통개념으로 시작되며 모두 23개의 정의와 5개의 공준, 9개의 공리로 시작한다. 이것은 수학을 전개할 논리와 기초로서 증명없이 받아들이는 기본 체계이다. 그는 필요에 따라 이들을 임의로 선택하여 첫째 명제를 증명하였고 그 다음 정의와 공준과 공리와 또 증명된 명제의 결과를 이용해서 다음 명제를 증명해 나갔다. 학교를 다니지 않고 출세한 링컨이 법관시절 그의 추리력을 연마하기 위하여 이 책을 공부하였다고도 한다. 각 권의 제목을 알아보면 다음과 같다.

권	제 목
1	합동, 평행, 피타고라스의 정리
2	항등식, 면적, 황금분할
3	원
4	내접 및 외접다변형
5	기하학적으로 다룬 비례
6	다변형의 닮은꼴
7-9	기하학적으로 다룬산수(고대 수론)
10	불가통약량(不可通約量)
11-13	입체기하학

중요한 정의를 알아보자.

① 점은 부분이 없다.
② 선은 폭이 없는 길이이다.
③ 선의 끝은 점이다.
④ 직선이란 그 위의 점이 한 쪽으로 간 선이다.
⑤ 면은 길이와 폭만 있는 것이다.
⑥ 면의 끝은 선이다.

◉ **비유클리드기하학**(un-euclid geometry)

19세기에 들어와 공리 5를 많은 수학자들이 연구하였는데 독일의 리만(Riemann)은 "평행선은 하나도 없다"(타원기하학)라고 하였으며, 러시아의 로바체프스키(Lobachevski)와 헝거리의 보리아는 "평행선은 무수히 있다"(쌍곡선기하학)라고 하였다.

5) 알키메데스

알키메데스는 탈레스와 피타고라스와 함께 그리스를 대표하는 수학자일 뿐만 아니라 고대시대 최고의 과학자라고 해도 지나친 말이 아니다. **알키메데스**(BC287-212)는 시칠리아 섬의 시라쿠사에서 태어났으며 역시 이집트로 유학하여 알렉산드리아에서 공부를 하였다. 알키메데스는 수학, 물리학을 시작으로 자연과학의 여러 분야에 걸쳐 뛰어난 업적을 남겼다. 특히 **알키메데스의 원리**는 그의 유명한 업적이다. 즉 물 안에 있는 물체는 그 부피의 물의 무게만큼 가벼워진다는 원리이다.

시라쿠사의 헤론 왕은 순금으로 만든 왕관을 가지고 있었는데 정말로 이 왕관이 순금으로 되어 있는지 의심이 생겼다. 그래서 왕은 친구인 알키메데스에게 왕관을 손상시키지 않고 금의 순도를 조사하라고 했다. 어떻게 조사를 해야 할지 궁리를 하던 알키메데스는 어느 날 물을 가득 채운 욕조안에 들어가 목욕을 했다. 그 순간 갑자기 부력에 관한 것이 떠올랐다. 알키메데스는 너무나 흥분한 나머지 벌거벗은 채 거리로 뛰어나가면서 "**유러카(알았다)! 유레카!**"라고 외쳤다고 한다.

알키메데스의 최후에 대해서 다음과 같이 전해지는 이야기가 있다. 로마의 군대는 주변 도시국가들을 대부분 점령하였지만 알키메데스 때문에 작은 도시 시라쿠사를 쉽게 점령하지 못하고 오랜 시간을 끌게 되었다. 그 이유는 알키메데스가 지렛대를 이용한 돌 쏘기나 거울을 이용한 화공법 등 과학적 무기를 발명하여 조국을 로마로부터 오래동안 지킬 수 있었기 때문이다. 그러나 시라쿠사가 로마군에 의해 점령된 날 알키메데스는 평상시와 같이 모래위에 도형을 그려가며 기하 문제를 생각하고 있었다. 이때 로마 병사가 몰려와 알키메데스는 자신도 모르게 "원을 밟지 말라"고 소리쳤고 병사는 모욕감에 알키메데스를 죽였다는 것이다. 결국 알키메데스의 죽음은 평화를 원하고 학문을 사랑한 그리스 시대의 종말을 뜻하는 것이 되었다. 알키메데스의 사망을 알게 된 로마의 장군 말케르스는 원기둥에 원뿔과 구가 내접하도록 새긴 묘비를 세워주었다. 이는 알키메데스가 평소 소원했던 것이다. 알키메데스는 원기둥에 내접하는 구와 원뿔과의 부피의 비가 3 : 2 : 1 이 됨을 발견하고 이를 매우 신기하고 아름답게 생각했다.

알키메데스는 넓이가 일정한 다각형 가운데 둘레의 길이가 가장 작아지는 것은 정다각형이라는 것을 나타내 보였다. 또한 원에 내접하는 정다각형을 정사각형, 정팔각형, 정십육각형, … 하는 식으로 변의 수를 차례차례 2배씩 늘려 나가다가 원의 내부를 떼어 없애는 것으로 원의 넓이를 계산했다. 알키메데스가 생각한 원의 넓이를 구하는 방법을 "구분 구적법"이라 하는데 이것은 17세기 뉴턴을 비롯한 여러 학자들이 수학을 연구하는데 기초로 생각했던 중요한 방법이다.

6) 아폴로니우스

위대한 기하학자로 알려진 **아폴로니우스**(Apollonius BC 260-210)는 지금의 터어키 남쪽 페르가에서 태어났다. 그는 원추곡선에 관한 400개의 정리를 수록한 여덟 권의 책을 저술하였는데 타원, 포물선, 쌍곡선의 기본 성질을 체계적으로 밝혔다. 또한 자와 컴퍼스만을 이용하여 세원에 접하는 원을 작도해 보이기도 했다.

7) 에라토스테니스

북 아프리카의 키리네에서 태어난 **에라토스테네스**(Eratosthenes, BC 275-195)는 알렉산드리아의 대학 도서관 사서였다. 그는 모든 소수를 나열하는 방법을 고안하였는데 이를 '**에라토스테네스의 체**'라고 한다. 기원전 250년 경 에라토스테네스는 지구의 둘레가 40,000km라는 것을 처음으로 계산해 냈다. 그는 태양 빛은 어디서나 평행하다는 생각으로 알렉산드리아에서 하지 정오에 태양의 천정각이 약 7.5°라는 것을 알았고 알렉산드리아 남쪽 830km 떨어진 시에네(지금의 아스완)에서 하지 정오의 태양은 정확히 머리위에 있다(그림자가 나타나지 않는다.)는 것을 발견하고 천정각이 0°임을 이용해서 지구의 둘레를 계산했다.

8) 데카르트

단순한 수식이나 대응 관계로만 보이던 함수를 "그래프"라는 도구로 한 눈에 알아볼 수 있도록 한 사람이 **데카르트**(R. Descartes 1596 - 1650)이다. 데카르트는 태어나자마자 어머니를 여의었으나 자상한 아버지의 사랑으로 충실한 보모 밑에서 자랄 수 있었다. 그러나 데카르트는 어려서부터 몸이 허약했고 아버지는 이를 염려해서 8살이 되던 해까지 데카르트를 학교에 보내지 않았다. 하지만, 데카르트의 뛰어난 재능을 아깝게 여기던 아버지는 결국 그를 예수회 학교에 보냈고, 마침 그 학교의 교장인 샤를레 신부는 영리한 데카르트를 아끼고 몸이 약한 그에게 아침 기상시간과 관계없이 침대에 누워 있어도 좋다고 허락하였다. 또 교실에서 친구들과 있기 싫으면 방으로 가도 좋다고 했다. 이 아침 명상시간이 그에게는 철학과 수학을 연구하는 원천이 되었다고 한다. 그 후, 학교를 졸업한 데카르트는 수학의 증명만이 가장 과학적이며 엄밀한 사고라는 결론을 내리고, "**나는 생각한다. 고로 나는 존재한다.**"라는 유명한 말을 남기기도 했다.

1618년 그가 심신의 평안을 찾기 위해 전쟁터에 지원했을 때 그는 수학 역사상 크나큰 전기가 된 '좌표'를 생각해 내었다. 그는 전쟁터 막사에서 침대에 누워 골똘히 생각에 잠겨 있었는데, 마침 천장을 기어 다니는 파리를 발견하고는 그 파리의 위치를 쉽게 나타내는 방법이 없을까하고 고민을 하게 되었다. 고민 끝에 그는 천장에 있는 세로줄과 가로줄을 기준으로 하면 그 파리의 위치를 쉽게 나타낼 수 있다는 사실을 알아내었다. 결국 그는 천장에 있는 가로줄과 세로줄로부터 "좌표"라는 개념을 탄생시킨 것이다. 이렇게 함수를 좌표평면을 이용하여 그래프로 나타낼 수 있게 됨으로써 우리는 추상적이기만 하던 함수를 눈으로 보고 좀 더 쉽게 이해할 수 있게 된 것이다. 더 나아가 우리는 직선뿐 아니라 원, 타원, 쌍곡선 등과 같은 도형을 모두 좌표평면 위에 간단히 나타낼 수 있게 되었다. 하녀를 양녀로 삼기도 한 데카르트는 1649년 스톡홀름으로 이사하였고 크리스티나 여왕의 개인 교사가 되었으나 몸이 약한 데카르트가 여왕의 새벽 수업 요구에 응하다 사망하게 되었다.

9) 페르마

데카르트를 알고 지내던 시골사람 **페르마**(P.Fermat : 1601-1665)는 17세기의 가장 위대한 순수 수학자라 불려진다. 그는 프랑스 남부 도시인 툴루즈 의회 의원(공무원)인 그는 차분한 성격의 변호사이면서 아마추어 과학자이었다. 그는 취미로 수학에 몰입했는데 데카르트, 파스칼 등과 교류하면서 독창성을 보여주었다. 그는 독자적으로 해석기하학을 만들었고 뉴턴과 라이프니치가 태어나기 전에 이미 접선을 이용한 미분법의 연구를 생각해 냈으며 확률론의 창시자 중 한 사람이기도 하다. 이와 같이 훌륭한 수학 업적이 있었지만 페르마는 정수론의 소수에 관한 업적으로 가장 잘 알려져 있다.

◉ 페르마의 마지막 정리

> "모든 자연수 n≥3에 대하여
>
> $x^n+y^n=z^n$ 을 만족하는 정수해 x, y, z 는
>
> 존재하지 않는다."

정수론에서 가장 유명한 문제 중 하나가 페르마의 마지막 정리이다.

1621년 디오판토스의 저서 "산수론"을 읽던 페르마는 그 책의 빈자리에 「등식 $x^n+y^n=z^n$ 은 n 이 2보다 크면 성립하지 않는다. 나는 이것의 증명 방법을 발견했지만 책의 여백이 너무 좁아 쓰지 못한다」라고 썼다. 그러나 페르마가 일반적 증명을 적어놓지는 못했지만 $n=4$ 인 경우에 만은 증명을 적어 놓았다.

「n 이 2보다 큰 정수일 경우 등식 $x^n+y^n=z^n$ 은 성립하지 않는다.」 이것을 '**페르마의 마지막 정리**'(페르마의 다른 정리들은 그가 죽기 전에 증명되었다)라고 하는데 이 정리는 직관적으로 참이 됨을 알 수 있었지만 수학적인 증명은 되지 않았다. 350여년 동안 수많은 수학자들이 이 문제를 해결하려고 애를 썼는데 최근에서야 증명을 하게 되었다.

100여년 지난 뒤 처음으로 오일러가 n 이 3이거나 4일 때 그리고 독일의 수학자인 **디리클레**(Dirichlet : 1805-1859)가

n 이 5일 때 위 등식이 성립하지 않음을 증명했다. 즉

$$x^3+y^3 \neq z^3, \quad x^4+y^4 \neq z^4$$

그 후 프랑스 수학자 라그랑주(Lagrange : 1736-1813), 독일 수학자 가우스(Gauss : 1777-1855), 프랑스 여류 수학자인 소피 제르맹(Sophie Germain : 1776-1831), 리우빌(Liouville : 1809-1882), 코오시(Cauchy : 1789-1857) 등이 뒤를 이어 이 문제를 연구했다. 이들의 노력으로 페르마의 정리는 n 이 269보다 작을 때까지가 증명되었다.

많은 수학자들의 노력에도 불구하고 정리의 완전한 증명이 이루어지지 않았으므로 1908년 독일의 월프스케일이라는 사람이 이 정리를 100년 이내에 이 문제를 해결하는 사람에게 10만 마르크(현 가치 : 7000마르크)의 상금을 주겠다고 한 것도 유명한 일이지만, 19세기 들어 과학아카데미는 이 정리를 증명하는 사람에게 30만프랑의 상금을 주기로 했다. 그 후 컴퓨터가 나오면서 페르마의 정리는 n 이 150,000인 경우까지 증명되었다.

마침내 1982년부터 미국의 프린스턴대학에 수학 교수로 재직하던 영국의 수학자 앤드루 와일즈(Andrew Wiles 1953-)가 1993년 6월 23일 많은 수학자들이 모인 케임브리지대학의 수학연구센터인 뉴턴연구소에서 이 정리의 증명을 발표했다.

와일즈는 티니야마(일본 수학자 : 1927-1958)와 웨일(Weil : 프랑스 수학자, 1906-1998)의 추측방법이라는 연역법을 이용하여 페르마가 죽은 지 329년 뒤에 페르마의 정리를 증명한 것이다. 그러나 몇몇 학자들이 200쪽이 넘는 이 증명을 자세히 검토한 결과 문제점을 발견하였다. 1993년 12월 초 와일즈는 자신의 증명의 끝부분에서 논리의 비약이 있었음을 인정하였으며 바로 프린스턴 대학 연구팀이 1년이상 검산을 하여 논리 비약에 대한 증명을 함으로써 1994년 10월 증명을 최종 완성하였다.

페르마의 정리는 다른 유명한 미해결 문제와 달리 중요한 따름정리들을 전혀 갖고 있지 않다. 그러므로 수학자들은 이 정리를 그렇게 중요하게 생각하지 않았으며 대부분의 수학자들은 오래 전에 페르마의 마지막 정리 그 자체를 직접 연구하는 것을 포기했었다. 사실 와일즈의 페르마 정리의 증명도 중요하지만 이를 증명하기 위해 연구하는 과정에서 수론의 지대한 발전을 가져온 것이 더 의미가 있다. 와일즈의 연구의 주 목적은 페르마의 마지막정리의 증명 그 자체가 아니고 현대 수론의 가장 중심이 되는 문제들 중의 하나인 타니야마-시무라추측에 있었다. 타니아마-시무라 추측은 수많은 따름정리들을 갖는다. 그 중의 하나가 바로 페르마의 마지막정리이다.

수학분야에서는 노벨상이 없지만 그에 버금가는 캐나다의 수학자 필즈가 제정한 필즈상이 있다. 필즈상은 위대한 수학적 업적을 이룬 만 40세 이하의 학자들에게 4년에 한 번씩 수여하는 상이다. 페르마의 정리에 대한 와일즈의 증명은 40세가 넘은 1994년 10월 완성되었기에 와일즈는 1994년 8월에 스위스 취리히에서 열린 세계수학자 대회에서 필즈상을 수상하지 못하였다. 그러나 1998년 8월 독일 베를린에서 개최된 세계수학자협회는 그에게 세계수학자협회 은패를 수여하였다.

10) 파스칼

파스칼(B. Pascal, 1623-1662)은 프랑스의 유명한 수학자이다. 그는 종교적 사고, 허약한 건강 문제 그리고 마지못해 수학을 연구하는 그의 태도로 인해 그의 수학적 능력을 최대한 발휘하지는 못했다. 엄격한 아버지는 어린 파스칼이 수학 연구 이외의 다른 길로 진로를 정하지 못하게 하였다. 그는 12살이 되는 해에 수학에 입문하는 동기가 된 기하학에 뛰어난 재능을 보여주었다. 16살에 수학자들을 깜짝 놀라게 하는 원추곡선론에 대한 저서를 발표하였으며(정리 : 만일 육각형이 원추곡선내에 내접한다고 하면 세 쌍의 마주보는 변의 교차점들은 일직선상에 놓여진다.) 18세기 초에는 계산기를 발명했다. 그는 페르마와 함께 도박을 하는 귀족들의 질문을 해결하는 과정에서 확률이론의 창시자가 되었다. 25세가 되면서 그는 얀세니즘이라는 종교에 몰입하게 되고 건강이 매우 나빴으며 수학연구를 휴식을 위한 소일거리 정도로 생각하게 되었다. 그러나 3년 후에 파스칼의 삼각형과 그의 성질들에 대한 저술을 하였다.

11) 뉴턴

물리학자로서 더 잘 알려진 **뉴턴**(Issac Newton, 1642-1727)은 아버지가 죽고 난 뒤 3개월 후인 크리스마스에 태어났다. 3살이 되어 어머니는 그를 다른 사람에게 맡겼다. 어렸을 적 학교 성적이 별로 좋지 못했으며 수학적 능력도 대단치 않았다. 그러나 그는 잠시 학교를 다니지 않으면서 휴식기간을 가진 후 열정적으로 학문 활동을 재개하여 그의 나이 19세 때인 1661년 케임브리지 대학의 학생이 되었다. 대학에서 처음으로 정적분을 정의한 배로(Barrow, 1630-1677)를 만났다. 1669년에 배로는 뉴턴에게 교수직을 넘겨주고 대학을 퇴임하였고 뉴턴은 30년 동안 교수로 재직 했다. 그는 10년에 걸쳐 3개의 논문을 발표하면서무한소의 극한 개념을 도입하여 미분계수(미적분학) 이론을 수립했다. 그의 저서 프린키피아(Principia)는 당시 출판되면서 앞으로의 과학 기술 발전에 없어서는 안될 기초지식으로 인식 되었으며 인류 문명사에 지대한 영향을 준 업적 중 하나로 평가되는 것이다.

12) 라이프니츠

독일의 만능 천재인 **라이프니츠**(G.W. Leibniz, 1646-1716)

는 독일의 라이프치이에서 태어났다. 5살 때 아버지가 돌아가셨으며 그는 아버지의 서재를 이용하여 독학하였다. 그는 15세에 라이프치히에 있는 대학에 들어갔으며 20세 때 어리다는 이유로 법학박사 학위 수여를 거부당하기도 했다. 그의 천재적 재질로 법률, 외교, 종교, 철학, 물리학, 수학 등 모든 분야에서 업적을 이루었다. 1675년 그는 뉴턴처럼 독자적으로 미분적분학 이론을 수립하였는데 해석기하적 방법으로 곡선의 접선에 관한 연구를 통하여 1684년 미적분을 처음으로 공표하였다. 그러나 뉴턴도 10년 전에 똑 같은 연구를 해왔다. 이와 같이 같은 시기의 이론 발표는 영국과 유럽사이의 수학자들 사이에 표절 시비로 번져 애국심까지 발로하는 논쟁을 야기했으며 이 논쟁은 수십년간 지속되었다. 그는 수학의 모든 사고를 통합하기 위한 기호 논리학의 창시자 중 한 사람이 되기도 했다.

13) 베르누이

베르누이 가족은 1583년 종교적 박해를 피해 벨기에에서 스위스로 이주한다. 베르누이 집안은 3대에 걸쳐 8명의 위대한 수학자를 배출할 정도로 대단한 지적 능력을 유전적으로 보유하고 있었으며 이 가운데 4명은 세계적 명성을 얻는다. 그 중에서 가장 잘 알려진 2명은 형제간으로 야곱(Jacob, 1654-1705)과 요한(Johann, 1667-1748)이었다. 그들은 신학과 약학을 하고 있었으나 라이프니츠의 미적분학에 대한 선구적 연구에 매료되어 수학에 빠져들었다. 베르누이 형제들의 업적은 여러 가지 특수한 곡선들의 성질의 연구였다. 특히 야곱은 미적분학, 기하학에 대한 훌륭한 업적을 남겼고 확률론에 관한 책도 처음으로 저술하였다. 요한의 두 아들인 니콜라우스와 다니엘도 수학적 명성을 얻었다.

14) 오일러

현대 수학에 가장 많은 영향을 끼쳤으며 18세기 수학을 이끈 대표적인 수학자 중 한 사람이 **오일러**(Leonhard Euler : 1707-1783)이다. 그는 스위스 바젤에서 태어났으며 그의 아버지는 아들이 교회에 충실하고 바젤대학에서 철학을 공부한 뒤 목사가 되는 것을 원했다. 그러나 오일러는 기하학을 좋아했으며 아버지의 동의를 얻어 수학 공부를 하게 되는데 **베르누이**(J. Bernoulli : 1667-1748)가 그의 스승이 되었다. 오일러는 1726년 페테르브르크(현 레닌그라드)과학원에 들어가 1741년까지 있었는데 1730년에 물리교수, 1733년에 수학교수가 된다. 1733년에 결혼하여 13명의 아이를 낳았으나 5명만 생존하고 나머지는 유년기에 모두 죽었다. 그의 회고록에는 "나는 자식들과 함께 놀고 있을 때 수학적 아이디어가 가장 많이 떠올랐으며 이를 바탕으로 위대한 발견을 하게 되었다."는 구절이 있다.

오일러는 1735년에 오른쪽 눈을 실명하였지만 수학에 대한 열정은 변함이 없었다.

오일러는 1741년 Fredrick(1712-1786)에 의해 베를린학술원에 초빙되었으며 1766년까지 25년 동안 200여편의 논문과 3권의 책을 집필하였다. 1766년에 러시아의 황제 에카데리나 Ⅱ세의 요청으로 페테르부르크과학원에 다시 돌아온 뒤 그는 왼쪽 눈까지 거의 실명상태가 되었지만 대수학은 물론 더 나아가 광학, 천문학(달의 운동)에 대한 연구를 계속하였다. 그는 나이 58세가 된 이후 눈이 보이지 않게 되었는데 이 시기에 그의 업적 중 거의 절반이 이루어졌으며 그가 죽은 후 페테르부르크과학원은 50여년 동안이나 오일러의 미발표 업적들을 출판해 주었다. 그는 해석학, 역학, 해석기하학, 삼각법, 미분, 복소수 등 수학의 전 분야에 관심을 가졌으며 특히 편미분방정식, 타원함수, 다변수함수의 미분 등에 훌륭한 업적을 남겼다. 그의 업적은 논문과 저서를 포함해서 886편이나 되며 이를 통해 그의 수학적 재능과 열정을 짐작할 수 있다. 그의 업적은 70여권의 책으로 출판되었으며 아직도 그의 업적을 기념하는 책의 제작이 진행되고 있다. 오일러의 업적들은 기하학, 위상기하학, 미분과 수론 등 20세기 수학의 발전에 지대한 역할을 하게 되었다. 수학 기호 중에서 함수 $f(x)$, 자연로그 e, 허수 단위인 $i=\sqrt{-1}$, π 등등은 오일러가 처음으로 사용한 기호이다.

15) 라그랑쥬

나폴레옹 시대에 가장 위대한 수학자로 **라그랑쥬**(J.L.Lagrange, 1736-1813)가 있다. 그는 이탈리아에서 태어났고 아버지의 도박으로 가사가 탕진되었다. 라그랑쥬는 1764년 프랑스 파리로 와서 수학자들을 만났으며 1766년부터 1787년까지 베를린에서 연구했고 나폴레옹 이외에도 두 명의 군주에게 인정받는 명성을 가졌지만 오일러의 적극적인 관심과 지원으로 인해 학자로서 계속 발전할 수 있었다. 그는 오일러의 미적분학을 개선하고 정리하여 완성시켰으며 방정식, 역학, 정수론 등도 깊이 연구하였다. 1790년 라그랑쥬는 심한 우울증과 고독에 빠졌으며 10대 소녀와 사랑에 빠져 주위의 비난을 받았지만 1792년 결혼하여 20년 동안 행복하게 살았으며 많은 업적도 남겼다.

16) 라플라스

라플라스(P.S.Laplace, 1749-1827)는 18세기 응용수학 분야에서 뛰어난 재능을 보였다. 그는 농부의 아들로 태어나 나폴레옹에 의해 백작이 되기까지 자신의 탁월한 수학적 재능을 발휘하여 사회적 지위를 높여 나갔다. 그의 유명한 업적으로는 확률의 해석적 이론과 5권으로 된 천체역학으로 이 책들은 당시의 이론들을 통합하고 새로운 이론을 확장하는 방식으로 구성되어 있다. 다른 학자들의 이론을 감사의 말 한마디 없이 마구 갖다 쓰는 무례와 불손함에도 불구하고 일반적으로 뛰어난 과학자로 인정받았다. 그는 너무 간결하게 결론을 내리곤 하였는데 미국의 천문학자 보우다취(N.Bowditch, 1773-1838)는 라플라스의 글이 내용에 비하여 너무 많이 생략되고 축약되어 쓰여졌음을 다음 글에서 설명하고 있다.

"나는 라플라스가 '그러므로 분명히 이러이러하다'라고 하는 글과 문장을 쉽게 이해하고 읽어 넘긴 적이 한번도 없다. 생략된 내용을 찾고 이해하는데 많은 시간과 노력이 있은 후에야 라플라스가 축약하여 간단히 설명한 내용을 알 수 있었다."

17) 가우스

독일의 수학자 **가우스**(C.F.Gauss, 1777-1855)는 근대 수학의 황제라고 불릴 정도로 세계에서 가장 유명한 수학자 중의 한 사람이다. 그는 헬레니즘 시대의 알키메데스, 엘리자베스 이후의 뉴톤과 마찬가지로 그의 수학적 재질로 19세기 수학을 이끌어 갔다. 그는 3살에 산술계산을 하고 10살 때는 무한수열에 익숙할 만큼 어릴 때부터 천재성을 보인 신동이다. 그는 10살 때 선생님이 1부터 100까지의 합을 구하라는 문제를 냈다. 교실의 학생들이 문제를 풀기 시작해서 1-2분이 지난 뒤 가우스

는 계산을 끝냈다. $(101 \times 100 \div 2 = 5050)$

일반적으로 1부터 n까지의 자연수 합 S는 $S = \frac{n(n+1)}{2}$ 이다.

	1,	2,	3,	…,	99,	100
+)	100,	99,	98,	…,	2,	1
	101	101	101		101	101

그 후 가우스는 18세 때 자와 컴퍼스만을 써서 정17각형의 작도법을 발견했는데 이는 그리이스 수학자들도 발견하지 못한 것으로 수학자가 될지 언어학자가 될지에 대한 고민을 하던 그를 그때부터 수학자가 되는 결심하게 하였다. 그리고 그는 22살 때 대수학의 기본정리를 증명하였다. 가우스의 글은 간단명료하고 분명하며 증명도 정확하기로 알려져 있다. 그는 “수학은 모든 과학의 여왕이며 정수론은 수학의 여왕이다.”라고 말하기도 했다.

18) 갈로아

갈로아(E. Galois, 1811-1832)는 20세라는 젊은 나이에 요절하였는데 그의 짧은 생애동안 학교에서 쫓겨나 감옥에서 많은 시간을 보냈다. 이와 같은 잦은 교육과 정치적 분규에도 불구하고 그는 대부분의 시간을 대수학을 공부하는데 소비하였다. 당시의 대수학은 어느 정도 일반화된 산술에 지나지 않아 그의 논문은 그리 주목을 끌지 못하였다. 1832년 생일 전에 그는 어떤 싸움에 연루되어 죽음을 맞게 되는데 결투가 있기 전날 밤 그는 자신이 최근 알게 된 수학적 아이디어를 개략적으로 설명한 편지를 친구에게 급히 보냈다.

"나는 해석학에서 새로운 발견을 했네 … 후일 그렇게 되기를 바라지만 이것을 발견하는 어떤 사람이 뒤죽박죽으로 쓴 이 글을 판독하여 그 장점을 찾아 낼 수 있을 것일세."

뒤죽박죽으로 쓴 글이라는 것은 군론(theory of groups)을 말하는데 이는 현대대수학과 기하학의 기초가 된다.

19) 코오시

코오시(Cauchy, 1789-1857)는 프랑스에서 프랑스 혁명이 일어난 해에 태어났다. 1818년 알루아와 결혼한 코오시는 확고한 이상주의자였다. 그는 프랑스 왕정에 대한 일관된 지지와 아일랜드의 빈민을 돕는 계획을 지지했다. 그러나 사람들은 코오시의 확고한 이상을 좋게 생각하지 않았다. 코오시는 수학에서의 엄밀성을 강조하였는데 이로 인한 본인 스스로의 어려움도 겪었으며 그의 제자들도 엄밀성을 싫어했다. 학생들에 대한 엄밀성의 강조는 결국 철저한 강의 수강과 많은 시간의 연구를 요구하게 되는 것으로 코오시의 강좌 수강생들이 중도에 모두 수강을 포기하는 지경이었다. 그는 학생들이 자기를 나쁘게 평하는 데 많은 고통을 겪으면서도 모든 정리에 대한 완전하고 철저한 증명을 고수했다. 코오시는 극한의 개념을 엄밀하게 정의하였으며 미적분학의 확고한 기초 이론을 정립하였다.

20) 디리클레

디리클레(Dirichlet, P.G.L., 1805-1859)는 1805년 뒤렌에서 태어났고 브레슬라우와 베를린의 교수직을 계속해서 역임했다. 1855년 가우스가 세상을 떠나자 가우스 후임으로 괴팅겐의 교수로 임명되었는데 이것은 전에 가우스의 제자였고 평생 스승을 존경한 매우 재능있는 수학자에 대한 알맞은 예우였다. 괴팅겐에 재직하는 동안 가우스의 미완성 연구를 끝내려 했으나 1859년에 요절함으로써 뜻을 이루지 못하였다. 그의 가장 두드러진 수학적 업적은 아마도 함수의 개념을 일반화시킬 수 있는 작업인 프리에급수의 수렴에 관한 예리한 분석일 것이다. 데카르트가 좌표평면 위에 순서쌍을 한 점으로 나타내서 함수의 개념을 도입했으나 디리클레는 대응에 의하여 함수의 뜻을 정의하였다.

그는 가우스보다 난해한 방법 중의 일부를 쉽게 이해시키는 데에 많은 공헌을 하였고, 그의 멋진 정수론 강의는 아직도 가우스의 정수론 연구의 가장 명쾌한 입문서 중의 하나이다. 디리클레의 뇌는 가우스의 것과 마찬가지로 괴팅겐대학의 생리학과에 보존되어 있다. 우리 주변에서 자판기는 함수를 이용한 기계이다.

21) 해밀턴

아일랜드의 천문학자이며 수학자인 **해밀턴**(W.R.Hamilton, 1805-1865)은 산술로부터 대수학을 독립시키는 업적을 이루었다. 12살의 나이로 12개 국어에 능통한 그는 수학을 역학과 광학에 적용하면서 젊은 과학자로서의 경력을 쌓았다. 1835년 그는 대수학에 관심을 갖게 되었고 '곱셈의 교환법칙이 항상 성립하는 것은 아니다.'라는 것을 발표함으로써 이는 추상대수의 발전에 놀랄만한 사건이 되었다. 또한 순서쌍으로 복소수를 표현한 최초의 사람이기도 하다. 해밀턴은 8년 뒤 **사원수**(quarternions)를 발견하였다. 1843년 10월 16일 해밀턴은 부인과 아일랜드 더블린의 브룸교를 건너며 사원수를 떠올렸다. 해밀턴의 사원수는 현대 대수학의 특성이며 20세게 수학의 특징인 '추상'의 첫 번째 예에 해당한다.

◉ 사원수

4개의 원소 $1, i, j, k$ 를 기저(基底)로 하는 실수체 R 상의

선형공간 H를, 1을 곱셈에 관한 단위원소라 하고,

(1) $i^2 = j^2 = k^2 = -1$

(2) $ij = -ji = k, \quad jk = -kj = i, \quad ki = -ik = j$

(3) $a(xy) = (ax)y = x(ay), \quad a \in R,\ x, y \in H$

를 만족하도록 곱셈을 정의함으로써 곱셈에 관하여 가환(可換)이 아닌 체(體)를 만든다. 이 H를 사원수체라 하며, H의 원소

$$x = a1 + bi + cj + dk \qquad a, b, c, d \in R$$

를 사원수라 한다. 특히 사원수 x에서 $b = c = d = 0$이 되는 사원수 x는 실수 a이며, $c = d = 0$이 되는 x는 복소수 $a + bi$이다.

이 의미에서 사원수체 H는 실수체 R와 복소수체 C를 부분체로서 포함한다.

22) 드 모르간

인도의 마드라스에서 태어난 드 모르간(De Morgan, 1806–1871)은 수학의 다양한 분야에서 많은 업적을 남겼다. 특히 논리학 분야에서의 그의 업적은 현대 논리학의 토대가 되었다. 또한 그는 '수학적 귀납법'을 처음으로 정의했으며 급수의 수렴

여부를 결정하기 위하여 '드 모르간의 법칙'을 만들어 냈다. 십진법 화폐체계의 고안, 사건 확률에 대한 이론 등도 세웠으며 왕성한 집필 활동을 통해 수학, 논리학, 철학, 확률론 등 많은 저서를 남겼다.

런던대학 교수였던 그는 강의에도 아주 헌신적이어서 생동감 넘치는 강의와 학생들로 하여금 수학에 대한 흥미를 유발하도록 한 것은 유명하다. 또한 학생들이 수학의 역사를 알아야 수학의 발전을 가져온다고 확신한 그는 17세기 수학사 연대기를 정리하였고 뉴턴과 헨리의 전기를 집필하기도 하였으며 특히 1847년에는 1,500여명의 수학자들의 일대기와 수학사적 발자취를 기록한 "수학실록"을 출판했다.

◉ 수학적 규납법

자연수 n을 포함하는 명제 p(n)가 다음을 만족하면 모든 자연수 n에 대하여 명제 p(n)는 참이다.

(1) p(1)가 참이다.

(2) 임의의 자연수 k에 대하여 p(k)가 참임을 가정

(3) p(k+1)이 참이다.

(예제) 모든 자연수 n에 대하여 다음 등식이 성립함을 수학적 귀납법으로 증명하여라.

$$1^2+2^2+\cdots+n^2=\frac{1}{6}n(n+1)(2n+1)$$

(증명) 모든 자연수 n에 관한 위의 등식을 나타내는 명제술어를 p(n)로 놓는다.

(1) $n=1$ 일 때

위 등식의 좌변은 1이고 우변은 $\frac{1\cdot2\cdot3}{6}=1$ 이다.

따라서 p(1)은 참이다.

(2) $n=k$ 일 때

$$1^2+2^2+\cdots+k^2=\frac{1}{6}k(k+1)(2k+1) \qquad (*)$$

이 참이라고 가정한다.

(3) $n=k+1$ 일 때

이 등식의 양변에 $(k+1)^2$ 을 각각 더하면

$$\begin{aligned}1^2+2^2+\cdots+k^2+(k+1)^2 &= \frac{1}{6}k(k+1)(2k+1)+(k+1)^2 \\ &= \frac{1}{6}(k+1)(k+2)(2k+3)\end{aligned}$$

이다. 따라서 모든 자연수 n에 대하여 성립한다.

(문제)

$1+2+3+\cdots+n=\dfrac{n(n+1)}{2}$을 귀납법으로 증명하여라.

23) 갈로아

젊은 나이에 요절한 **갈로아**(E.Galois, 1811−1832)는 수학적 재능은 뛰어났지만 신경질적인 성격이었다. 그는 짧은 생애였지만 많은 시간을 학교가 아닌 감옥에서 보냈는데 대부분의 시간을 대수학 공부에 소비했다. 1832년 20세가 되는 생일 바로 전에 결투로 죽게 된다. 결투 전날 밤에 그는 자신이 최근 알게 된 수학적 아이디어를 개략적으로 쓴 편지를 급히 친구에게 보냈다. 그의 편지 중에 "뒤죽박죽으로 쓴 글"이라는 내용이 있는데 이것이 바로 지금의 **군론**(theory of groups)을 의미하는데 현대대수학과 기하학의 기초가 된다.

24) 칸토어

집합론을 창시한 **칸토어**(Georg Ferdinand Ludwig Phillip Cantor :1845−1918)는 1845년 3월 31일 러시아의 성 페테르부르크에서 태어났다. 아버지는 신교로 개종한 유태인으로 상업에 종사했고 어머니는 예술적 기질이 있는 카토릭 신자였다. 종교는 중요한 가정 문제 중 하나였다. 칸토어는 평생을 두고 신학에 관심을 가졌으며 이것은 그가 성장해서 수학을 연구하는데 영향을 주고 있다. 칸토어의 가정은 음악을 사랑했으며 칸토어 자신도 예술가 적인 자질을 가진 사람이었다. 1856년 그가 12세 때 가족이 모두 독일의 프랑크프르트로 이주하였다. 1863년 그는 스위스의 쮸리히대학에 입학하였으나 그의 아버지가 사망하게 되어 베르린대학으로 옮겨와 수학, 물리학, 철학을 공부하였다. 그는 이 대학에서 **바이에르슈트라스**(1815-1897)의 영향을 받았으며 미적분에 관한 엄격한 접근 방법을 완전히 터득했다. 칸토어는 크로네커의 수론 강의에 감명을 받았으며, 가우스의 수론을 연구하여 부정방정식 $ax^2+by^2+cz^2=0$ 의 정수해에 대한 논문으로 1867년 박사학위를 취득했다. 그는 1869년 시골에 있는 할레대학에서 강의를 시작하여 1905년까지 이 대학의 교수로 근무했다. 칸토어는 1874년 결혼하여 2남 4녀를 두었다.

칸토어는 종교적 관심이 그의 사고를 지배했다. 그는 초한수의 이론에서 종교적 의미를 발견했으며 자기 자신을 하느님의 사자로 생각하고 있었다. 칸토어는 종교적인 그의 분위기와 급진적인 초한수에 관한 이론 그리고 타인에 대한 그의 이상한 태도와 인상이 친구들조차 그를 멀리하게 만들었으며 수학자들로부터 많은 비난과 비판을 받았다. 칸토어는 베르린대학에 취직하기를 원했지만 이 대학보다는 격이 낮은 할레대학에서 근무하고 연구를 하였는데 이는 베르린대학에서 근무하고 있던 독일 수학계의 거물인 **크로네커**(L.kronecker, 1823 -1891)의 방해 탓으로 생각하였다.

칸토어는 그의 성격 때문이기도 하지만 끊임없는 수학 연구와 수학자들과의 논쟁 그리고 수학자들을 포함한 그를 비판하고 박대하는 주위 사람들로 인해 스스로 많은 스트레스를 받았으며 이로 인해 여러 차례 정신병을 앓아야했다. 1884년 처음 병원에 입원하였으며 아들의 갑작스러운 사망으로 1902년 다시 입원한 뒤 1904년, 1907년 그리고 1911년에 재차 입원했다. 그는 1918년 1월 6일 할레의 정신병원에서 일생을 마쳤다.

칸토어는 그의 이론에 대하여 19세기 말엽까지 주위의 인정을 받지 못했다. 1878년에 게팅겐 과학협회의 통신 회원이 되었으며 그가 거주한 할레 밖으로부터의 최초의 평가인 것이다. 칸토어의 업적이 널리 인정받게 된 것은 1897년 쮸리히에서 개최된 제 1회 국제수학자회의에서 이다. 1901년 런던 수학회의 명예회원, 1902년 2개 대학으로부터 명예 박사학위 수여, 그리고 1904년 영국 왕립협회로부터 실베스타메달을 수여 받았다.

25) 류카스

류카스(E. Lucas, 1842-1891, 프랑스)는 아미엥의 에꼴 노르말에서 교육받았으며 프랑스 전쟁동안 포병으로 복무했다. 뒤에 수학교사로 근무했고 나중에는 파리에서 수학을 가르쳤다. 그는 접시가 깨지면서 그 파편이 얼굴에 튀어 상처를 입고 감여되어 사망하는 어이없는 죽음을 맞이했다. 류카스는 수 이론, 특히 피보나치수열의 여러 성질을 연구하였으며 피보나치수열이라는 이름을 지은 당사자로 본인도 피보나치수열과 유사한 류카스수열을 만들었으며 1883년 하노이탑에 관한 퍼즐을 아이들의 장난감으로 고안하였다.

그 외의 20세기 수학자

다음은 19세기에서 20세기까지의 유명한 수학자들을 간단히 열거한다.

26) 리만

리만(B. Riemann, 1826-1866)은 독일의 수학자로 복소수의 이론에 선구적 위치를 차지하였으며 그의 연구는 대체로 기하학적 색채를 띠고 있었다.

27) 바이어스트라스

바이어스트라스(K. Weierstrass, 1815-1897)는 함수와 도

함수의 개념을 명확히 하였으며 미적분학에서 모호한 채로 남아있던 모든 개념들을 완전히 정리하였다.

28) 크로네커

크로네커(L. Kronecker, 1823-1891)는 엄밀성과 논리적 간결성의 표본이었으며

> "모든 심오한 수학적 연구의 결과들은 궁극적으로 정수의 성질이 반영된 간단한 형태로 표현이 가능해야만 한다."

라고 주장하였다. 그는 정수론을 연구하였는데 바이어스트라스, 데드킨트(R. Dedekind, 1831-1916) 그리고 칸토어(G. Cantor, 1845-1918)와의 오랜 기간 관념적 불화로 더욱 잘 알려져 있다. 이들은 무한수열에 기초한 이론을 전개하였는데 크로네커는 유한의 과정을 거쳐 만들어내지 못할 수학적 대상의 존재를 인정하지 않으려 하였다.

하지만 칸토어와 데드킨트는 이러한 관점을 전적으로 부인하였다. 데드킨트는 보다 엄밀한 의미로서 무리수의 개념을 개발하였으며 이로 인해 모든 해석학의 기반으로 실수체계를 사용할 수 있도록 만들었다. 또한 칸토어는 그의 저서 집합론에서 집합의 집합 즉 멱집합의 크기에 대한 개념을 기초로 하여 초

월수라고 불리우는 무한의 종류를 분류하는 이론을 개발하였다. 그러나 크로네커는 이와 같은 일은 수학을 의미 없이 우습게 만든다고 생각하였다. 크로네커가 이와 같은 이론과 그 이론을 만든 사람에 대하여 매우 심하게 비판하였기 때문에 칸토어는 여러 차례 정신병을 알게되고 결국 정신병원에서 죽게 되었다. 그러나 칸토어의 집합론은 수학에서 논쟁에도 불구하고 현대수학의 기반이 되고 있다.

29) 뽀앙까레

뽀앙까레(H. Poincare, 1854-1912)는 거의 초인적인 기억력과 논리적 이해력을 지니고 있었는데 이와 같은 그의 능력은 대수학, 기하학, 해석학, 산술학, 천문학, 수리물리학 등 과학의 거의 전분야에 걸쳐 업적을 남기게 하였다. 그는 "고무판 기하학"이라고도 불려지는 비교적 수학의 새로운 분야인 위상수학에도 지대한 영향을 끼쳤다.

30) 힐버트

힐버트(D. Hilbert : 1862-1943)는 1900년경 현재 잘 알려져 있는 기하학기초를 완성하였는데 그것은 현대적 공리체계를 사용하여 유클리드의 원론을 완전히 재정비한 것이었다. 그는 23개의 미해결 문제들을 제시하였으며 그것은 새로운 세기를 맞이하는 새로운 도전의 시작이었다. 그가 제시한 문제 하나하나는 중요한 새로운 결과들을 이끌어냈고 이제 제시된 문제들은 대부분 해결되었으나 아직도 몇 개의 문제들은 미해결로 남아있다.

31) 러셀

러셀(B. Russell, : 1872-1970)은 1950년 노벨 문학상을 수상한 영국의 수학자이며 철학자인 러셀(Bertrand A. W. Russell : 1872-1970)은 그의 저서 '신비주의와 논리(Mysticism and Logic, 1918)'에서 다음과 같이 말했다.

> - 수학은 진실을 갖고 있을 뿐만 아니라 최상의 아름다움을 갖고 있다. 그것은 조각품이 갖고 있는 것과 같은 냉철하고 엄격한 아름다움이다. -

이 말은 경지에 이른 위대한 수학자들만이 느낄 수 있는 아름다움이고, 이 아름다움은 대다수의 보통 사람들은 평생을 두고 전혀 알지 못하며 생각조차 하지 못한다. 다만, 이 아름다움을 알기 위해서는 길고 긴 피나는 연구 기간을 거쳐야 한다. 이것은 논리적인 사고와 수학적 구조 그리고 명쾌한 증명의 아름다움이다.

러셀은 영국 웨일즈의 귀족 집안에서 1872년 태어났다. 케임브리지 대학에서 장학금을 받은 그는 수학과 철학에서 명성을 떨쳤다. 그는 주로 미국의 대학교에서 강의를 했으며 수학, 논리학, 철학, 사회학, 교육학 등에 관한 40여권 이상의 저서를 저술하였다. 그는 실베스터, 드 모르간과 공동 수상한 영국학술원상(1934), 메릿 훈장(1940), 노벨문학상(1950) 등을 수상했다. 그는 종종 논쟁에 휘말리기도 하고 제 1차 세계대전 중에는 징병제도를 반대하다가 케임브리지 대학교에서 쫓겨나고 4개월간 옥살이를 하였다. 1960년대 초 핵무기 반대 운동을 이끌다가 다시 잠깐 투옥되었다. 뛰어난 지성과 능력의 소유자인 러셀은 1970년 98세의 고령에도 정신의 흐트러짐이 없이 세상을 떠났다.

32) 괴델

세계 유명한 경제학자나 사상가들은 당시 **괴델**(K. Godel : 1906- 1978)을 현존하는 가장 위대한 논리학자라는 사실을 의심하지 않았다. 사람들은 그를 아리스토텔레스 이래로 가장 위대한 논리학자라고까지 공언했으며 안쉬타인은 그저 괴델과 함께 집으로 걸어오는 특권을 누리기 위해서 연구소에 간다고까지 했다. 괴델은 20세기 최고의 논리학자로 평가 받는 수학자이다. 미국의 시사지 '타임'이 밀레니엄 특집으로 20세기의 가장 위대한 인물 100명을 뽑았을 때도 포함되어 있었다. 그는 체코슬로바키아에서 태어나 오스트리아에서 활동했으나 1938년 나치의 박해를 피해 미국으로 이주했으며 1978년 1월 4일 사망했다. 그의 업적은 인간 이성의 한계를 수학적으로 증명한 것이다. '참이지만 참이라고 증명할 수 없는 수학적 명제들이 있다.'는 그의 주장은 '모든 수학적 정리는 증명이 가능하다'는 '완전성 정리'가 지배적인 시절에 나온 것으로 '불완전성 정리'라고 이름 붙여졌다. 괴델은 '수(數)라는 투명하고 확실한 영역조차 모든 것을 말해줄 수는 없다고 했다. 진리는 증명보다 크다는 것이다. 어쩌면 당연한 얘기다. 그는 '세상 일이란 증명보다 복잡하며 기승전결이나 6하 원칙으로 딱 떨어지게 간단하지 않다'는 것을 증명과 논리로 밝혔다. 괴델의 정리는 결국 20세기 수학 기초이론의 핵심이 되었고 "컴퓨터라 해도 풀 수 없는 수학적 문제가 있다."는 생각으로 발전되어 인공지능 등 컴퓨터 과학의 이론적 토대를 제공했다. 그는 삶에서는 논리의 대가였지만 죽음에서는 철저히 비논리적이었다. 음식을 끊고 굶어 죽은 것이다. 사망 당시 키 168cm에 몸무게는 29.5kg에 불과했다. 당시 그를 진단한 의사는 그가 태아의 자세로 죽었다고 전했다.

117. 뫼비우스 띠

1858(혹은 1865)년에 독일의 수학자 A.F. Mobius (1790-1868)와 Listing이 독자적으로 **뫼비우스 띠**(one-sided surface)를 발견하였다. 이것은 위상적 불변성인 방향성(orientability)을 제시하게 했다.

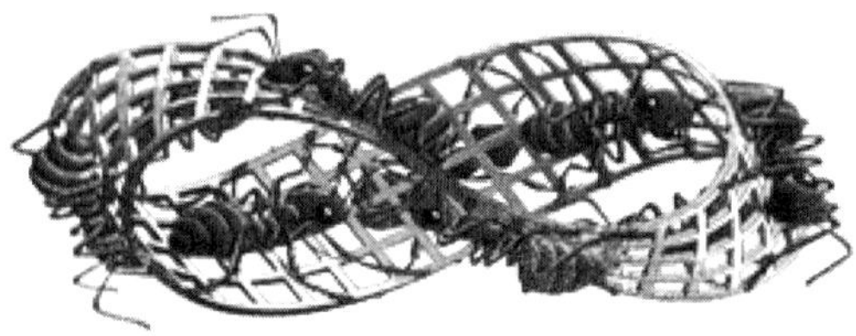

1876년 F. Klein (1849-1925)에 의하여 방향성이 곡면의 고유 성질이라는 것이 처음 자세히 조사되었다. 방향성이라는 것은 원통의 경우는 통의 중앙에서 걸어 갈 때 제자리로 돌아올 수 있다. 그러나 뫼비우스 띠의 경우는 한 바퀴 돌면 제자리에 오지 않고 반대쪽에 오게 된다. 이 때 원통은 방향이 유지되지만 뫼비우스 띠는 방향이 유지되지 않는다. 이것을 달리 설명하면 한 면에서 이 면으로 모서리를 넘지 않고 갈 수 없는 경우와 갈 수 있는 경우를 의미하기도 한다.

최근 영국의 런던대 연구팀은 뫼비우스 띠의 모양에 따라 탄력성이 다른데 이는 띠의 '에너지 밀도'가 다르기 때문이라는 연구결과를 발표했다. 가령 뫼비우스의 띠를 만들 때 종이의 폭을 넓게 하고 길이를 짧게 하여 뫼비우스띠를 만들면 탄력성이 떨어진다. 그러므로 종이를 말아서 양 끝을 붙이기도 힘들고 구겨지기 쉽다. 반면 폭을 좁게하고 길이를 늘릴수록 더 부드럽고 쉽게 말아진다. 이 연구 결과를 이용하여 섬유에서 잘 찢어지는 부분을 예측하거나 나노 구조를 이용해 신약을 만드는 분야 등에서 다양하게 활용될 것이라고 예견하고 있다.

방향성은 역시 위상적 성질이다. 뫼비우스 띠와 같은 곡면을 단측곡면이고 원통과 같은 곡면을 양측곡면이라고도 한다(원통 : 2개의 모서리, 뫼비우스의 띠 : 1개의 모서리).

또한 겉과 속의 구분이 없는 병을 **클라인병**(Klein bottle)이라고 하는데 이는 4차원공간에서 있을 수 있는 것으로 이 병을 가운데로 자르면 두 개의 뫼비우스 띠가 생기게 된다.

즉 두 개의 뫼비우스 띠를 모서리를 따라 붙이면 클라인 병이 된다. 그러나 3차원 공간에서 이 작업은 불가능하고 곡면이 서로 교차하는 것을 허용해야 이것을 묘사할 수 있다. 클라인

병은 독일의 수학자 **클라인**(Felix Klein : 1849-1925)이 한 개의 표면을 갖는 특이한 병의 위상학적 모형으로 만든 것이다.

직사각형 띠는 2차원도형이지만 이를 한 번 꼬아서 만든 뫼비우스띠는 3차원 도형이다. 마찬가지로 크라인병은 밑면과 윗면이 뚫려있는 원기둥으로 만든다. 옆면을 뚫고 들어가서 밑면에 윗면을 붙이면 클라인병이 되는데 이 때 4차원 도형이 되어야 한다. 우리가 살고 있는 3차원 세계에서는 옆면을 뚫고 들어가지만 4차원에서는 옆면을 뚫지 않고도 두 면을 붙일 수 있다.

단 하나의 면으로 이루어진 곡면은 3차원 공간에서는 뫼비우스 띠가 있고 4차원에서는 클라인병이 있다.

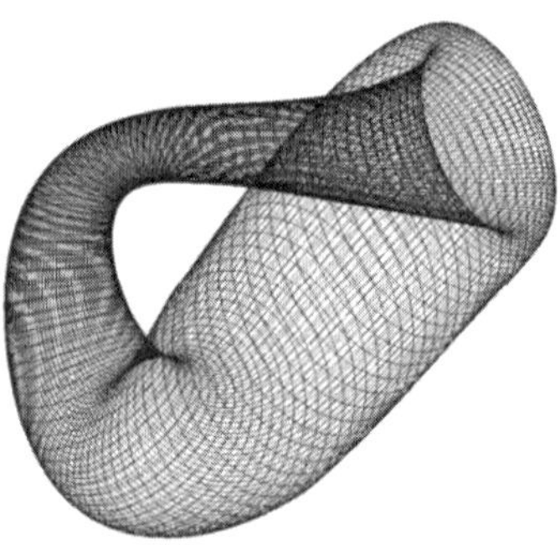

둥그런 띠를 가운데를 따라 자르면 띠는 2개로 나뉘어 진다. 그러면 뫼비우스의 띠를 가운데를 따라 자르면 어떻게 될까? 2개의 띠로 나누어지지 않고 하나의 띠가 되는 것을 확인할 수 있다. 이 띠는 앞, 뒷면이 있다. 또, 4번 꼬여있다. 이 띠를 또 한번 가운데를 따라 자르는 실험을 해보자. 그러면 잘라진 두 띠는 서로 얽혀서 분리되지 않고 하나의 띠는 역시 4번 꼬여있다.

뫼비우스의 띠를 그 삼등분선을 따라 자르면, 1개의 뫼비우스의 띠 B1과 네 번 꼬인 띠 B4가 얽혀 있는 상태가 된다.

뫼비우스의 띠처럼 만들어진 2차원 공간에 개미가 산다면 한 바퀴를 돌아 처음 자리에 오면 처음 모습과는 좌우가 바뀐 것을 발견하게 될 것이다. 즉, 이런 공간에서는 좌우의 방향은 아무 의미가 없게 되는 것이다. 이것을 확인해보려면 비닐과 같은 투명한 뫼비우스의 띠에 그림을 그려 나가보면 된다. 왼손을 그려나갔다면 한 바퀴 돌아왔을 때는 오른손처럼 방향이 바뀌어 있을 것이다.

118. 단일폐곡선

단일폐곡선이란 평면의 한 점에서 시작하여 중복하거나 만나지 않고 지나서 시작한 점에서 끝나는 선을 말한다. 가장 간단한 단일폐곡선은 원, 삼각형, 직사각형 등이 있다.

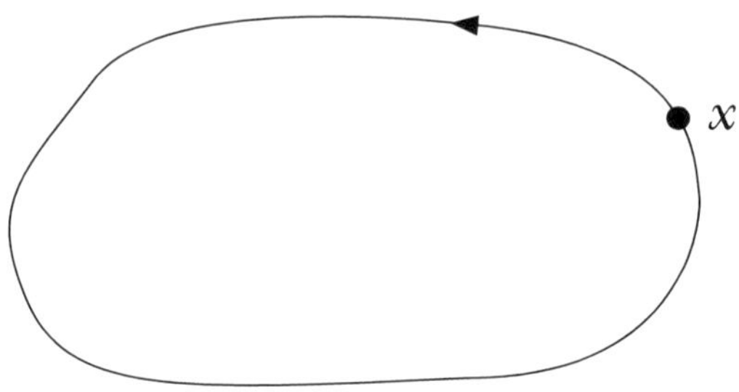

평면에서 모든 **단일폐곡선**이 평면을 두 영역으로 나눈다는 유명한 죠르단곡선정리의 첫 증명은 1893년에 C. Jordan (1838-1922)에 의해서 이루어졌다. 그러나 완전한 증명은 되지 못했고 죠르단의 원래의 증명은 지금은 매우 단순화되었지만 직관적으로 명백한 사실인 이것을 확실히 증명하는 것은 아직도 쉬운 일이 아니다.

(“조르단의 곡선의 정리”) C가 R^2상의 단일폐곡선이라 하면 R^2은 C에 의하여 두 영역 A, B로 나누어진다.

(즉 $R^2 - C = A \cup B$ 이고 $A \cap B = \varnothing$ 이며, A, B 중 하나는 유계이다.). 그리고 C는 A와 B의 공동의 경계이다.

토러스 위에서 모든 단일폐곡선이 토러스를 두 부분으로 나누지는 않는다. 따라서 위 정리는 토러스 위에서는 성립하지 않는다. 그러나 구 S^2 에서는 단일폐곡선이 항시 구 S^2 를 두 영역으로 나눈다. 위 정리는 위상적 성질이며 그래서 토러스와 구 S^2 는 동형이 아니다.

위 정리에 의하여 평면 R^2은 세부분으로 나누어지는데 그것은 내부, 외부 그리고 경계이다. 한편 내부와 외부는 서로 상대적인 것이고 한 쪽이 외부이면 다른 쪽이 내부이다. 그러나 통상 시계방향으로 돌아 오른쪽이 내부라고 정의한다. 아래 그림에서 ①과 ②는 C와 만나지 않고 ③은 C와 꼭 만난다.

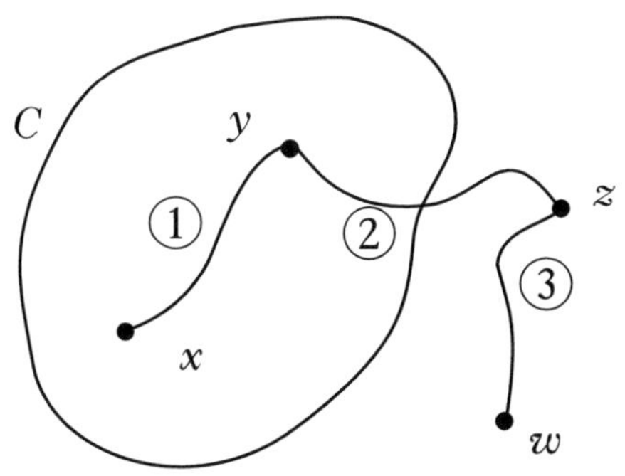

두 점 x, y 가 같은 쪽에 있을 때 두 점을 연결해야 될 경우 C와 짝수 번 (0번 포함)만난다. 또 각각 다른 쪽에 있을 때는 C와 홀수 번 만나게 된다.

이제 여러 가지 특별한 모양의 단일폐곡선을 그려보자. 아래의 단일폐곡선에서 내부와 외부를 구분하여보자.

풀이

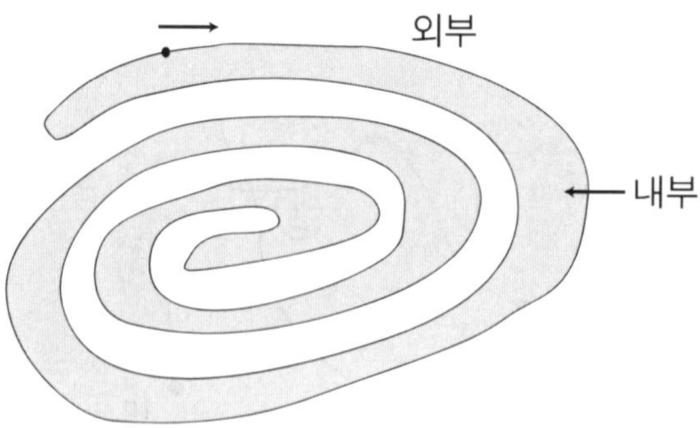

참고문헌

1. T.Pappas. 강정흥 외, 수학의 즐거움, 교우사, 2000
2. 김경호 외, "수학의 맥을 찾아서", 교우사, 1997
3. 김주영, "생활과 수학", 청문각, 2000
4. 김주영, "현대사회와 수학", 교우사, 2005
5. 노영순, "재미있는 수학", 교우사, 2004
6. Marcel Danesi, 고호경, "수리논술력을 키워주는 수학퍼즐 10가지", 이치, 2007
7. 박봉구 외, "재미있는 수학의 세계", 교우사, 1999
8. 박형빈, "수학은 생활이다." 경문사, 1998
9. Brian Bolt, 홍승희 외, "판도라 수학 상자", 교우사, 1997
10. 오호근, "바코드란 무엇인가", 한국컴퓨터매거진, 1996
11. 이규봉 외, "생활속의 수학", 교우사, 2002
12. 이상옥 외, "현대인의 교양을 위한 수학의 이해" 교우사, 1999
13. 이종걸 외, "생활과 수학", 교우사, 2001
14. S. K. Stein, 황우형 외, "생활속의 수학" 교우사, 2000
15. "증명의 한계"증명-동아일보-책갈피 속의 오늘

찾아보기